江西省武宁县

点绿成金

本书编委会 编

SAMPLE INTERPRETATION OF "GREEN TO GOLD" IN WUNING COUNTY, JIANGXI PROVINCE

经济管理出版社

ECONOMY & MANAGEMENT PUBLISHING HOUSE

图书在版编目（CIP）数据

江西省武宁县"点绿成金"样本解读/本书编委会编．—北京：经济管理出版社，2019.8
ISBN 978-7-5096-6913-6

Ⅰ．①江…　Ⅱ．①本…　Ⅲ．①生态环境建设—研究—武宁县　Ⅳ．①X321.256.4

中国版本图书馆 CIP 数据核字（2019）第 195351 号

组稿编辑：杜　菲
责任编辑：杜　菲
责任印制：黄章平
责任校对：陈　颖

出版发行：经济管理出版社
　　　　　（北京市海淀区北蜂窝 8 号中雅大厦 A 座 11 层　100038）
网　　址：www.E-mp.com.cn
电　　话：（010）51915602
印　　刷：北京玺诚印务有限公司
经　　销：新华书店
开　　本：787mm×1092mm/16
印　　张：14
字　　数：252 千字
版　　次：2019 年 8 月第 1 版　　2019 年 8 月第 1 次印刷
书　　号：ISBN 978-7-5096-6913-6
定　　价：99.00 元

绿色生态是江西最大财富、最大优势、最大品牌，一定要保护好，做好治山理水、显山露水的文章，走出一条经济发展和生态文明水平提高相辅相成、相得益彰的路子，打造美丽中国"江西样板"。

——摘自 2016 年 2 月习近平总书记在视察

江西时重要讲话

　　要积极探索推广绿水青山转化为金山银山的路径，选择具备条件的地区开展生态产品价值实现机制试点，探索政府主导、企业和社会各界参与、市场化运作、可持续的生态产品价值实现路径。

——摘自 2018 年习近平总书记在深入推动

长江经济带发展座谈会重要讲话

本书编委会

主　任　杜少华　李广松

副主任　朱必香　熊　波　刘　斌

主　编　盛广周　罗小娟

副主编　成晨阳　卢星星　胡善宝

编　委 (按姓氏笔画排列)

　　　　卢文斌　刘定普　许珊珊　朱景薇　汪　阳

　　　　吴传星　徐一墁　黄信灶　黄珊珊　潘　华

谋划篇

武宁决策者们坚信"世界会向那些有目标和远见的人让路"。高举"生态立县"大旗，鼓足生态自信风帆，接续发力、凝神聚力，在绿色崛起的征途上，努力贡献美丽中国江西样板的"武宁方案"。

第一章

美丽中国江西样板的"武宁样本"

武宁，地处赣西北，自东汉建安四年（199 年）建县至今已有 1800 多年历史，是民国先驱李烈钧故里。全县面积 3507 平方公里，位居江西省第四；人口 41 万人，辖 19 个乡镇 1 个街道办 1 个工业园区，"八山一水半分田，半分道路和庄园"是对武宁县地形地貌的形象描述，被誉为"中国最美小城"。2007 年 4 月，时任国务院总理温家宝视察武宁时称赞"山好、水好、人更好"，并题赠"山水武宁"。

武宁是生态大县。国家级生态乡镇已达 16 个。县内海拔 1000 米以上的山峰达 159 座，森林覆盖率高达 75.49%，40 多万株被誉为"植物中的大熊猫"的野生红豆杉和"鸟类大熊猫"——国家一级保护动物白颈长尾雉在郁郁青山中繁衍生息，大气环境质量全年均达国家 I 级标准，空气负氧离子指数高达每立方厘米 10 万颗，被评为全国"百佳深呼吸小城"。603 条大小河流水质常年保持国家 II 类标准，远古生物的"活化石"，被誉为"水中大熊猫"的地球濒危物种桃花水母在庐山西海穿梭游弋。

武宁是资源大县。全县林地面积 411.3 万亩，林木蓄积量 1540 万立方米，是全省林业大县。全县已探明煤、钨、锑等 30 多种矿产，其中大湖塘钨矿储藏量高居世界第二；3.5 万箱遍布全县、年产量 70 万斤的纯天然蜂蜜造就武宁"中华蜜蜂之乡"的美名；优质大米、名贵药材、高产油茶和特色水产等各类名优特农副产品也久负盛名。

武宁是移民大县。有来自全国 14 个省（直辖市、自治区）的移民 16 万人，其中浙江移民 2 万多人，是江西省最大的移民县。众多的移民带来了文化的多元性，形成了兼容并蓄、包容大度、开明开放的武宁文化。

武宁是旅游大县。国家级重点风景名胜区庐山西海大本营即坐落于此，其 46 万亩水面有 75% 在武宁县境内，3 亩以上岛屿达 1667 个。目前，已围绕"健康、运动、休闲"的旅游主题和"山岳武宁、水上武宁、乡村武宁、康养武宁、夜色武宁、空中武宁" 6 条风景线的布局成功创建庐山西海、西海湾和阳光照耀 29 个度假区、3 个国家 4A 级景区以及 2 个 3A 级景区、9 个 3A 级乡村旅游点，西海湾景区"桥中桥"项目正在申报世界吉尼斯纪录，总投资 360 亿元的 27 个旅游重点项目正在稳步推进，部分景区已建成开放，被评为"江西省五星级旅游强县"。

武宁是希望之城。武宁县工业园是省级民营科技园、省级开发区、省绿色光电产业基地、省绿色照明高新技术产业示范园，现有企业 262 家，其中绿色光电企业已达 122 家，是江西首批 20 个产值过百亿元的示范产业集群之一。2017 年节能灯上下游产品占全国市场份额的近 20%，是名副其实的"中部灯饰之都"。大健康

（康养食）、矿产品精深加工、战略性新兴产业等主导产业也方兴未艾、异军突起。

武宁是装饰之乡。近 10 万武宁人投身装饰行业、4000 多家装饰公司遍布全国，形成了星艺、三星、名匠、华浔等全国装饰行业的知名品牌，被评为"中国艺术装饰之乡"，新型环保材料等战略性新兴产业正依托装饰行业丰富的人脉资源快速发展。

2016 年以来，新一届县委紧紧围绕"始终坚持生态立县，全面推进绿色崛起"的发展战略，着力构建"五大生态"（绿色经济生态、优美自然生态、养生宜居生态、和谐人文生态、清明政治生态），全力打造"三个示范"（绿色生态示范县、全域旅游示范县、城镇建设示范县），多个领域得到上级和社会各界的认可：成为全国首批、江西唯一的"全国生态保护与建设典型示范区"，并被国家发改委奖励1000 万元，获得 2017 年度全省科学发展综合考核评价先进县、2017 年度全市目标管理考评综合先进县荣誉，进入 2017 年全省县（市、区）党委政府脱贫攻坚考核第一方阵且排名位居全市第一位，并先后荣获江西唯一的全国森林旅游示范县、全国弘孝示范城市和九江唯一的国家森林城市、全国绿化模范县、全国百佳"深呼吸"小城、全国十佳宜居县、中国十佳避暑康养小城、全国绿色农业示范县、全国休闲农业与乡村旅游示范县、中国天然氧吧、中国候鸟旅居小城、江西生态文明

江南山水窟

建设十大领跑县、江西省全域旅游推进十佳县、江西省全域旅游示范区、全省旅游产业发展先进县等重量级荣誉,代表九江创建"全国文明城市"、"全域旅游示范区"等国家级荣誉并顺利通过国家卫生县城复审。2019 年入选江西省首批生态产品价值实现机制试点县。与此同时,经济社会也持续平稳健康发展:继 2013 年、2015 年后,武宁财政管理绩效评价再次进入全国 200 强,位列全国第 35 名、全省第 3 名、全市第 1 名,并获财政性奖励 500 万元。

惊艳武宁四时美,更喜山水惹人醉。政通人和前景好,最美小城客不归。今天,山水武宁生态环境持续优化、县域经济持续发展、民生福祉持续改善,正以崭新的面貌拥抱充满希望的新时代,喜迎四海八方宾客的到来。

一、武宁县生态产品价值实现的深层思考

绿水青山是"山水武宁"最大的资源和资产、最大的后发优势、最大的生态品牌。为了呵护好这片宝贵山水,武宁人始终坚持像爱护自己的眼睛和珍爱自己的生命一样,严守资源消耗上限、环境质量底线、生态保护红线。围绕如何将生态优势转化为发展优势,武宁县委在县第十四次党代会上确立了"始终坚持生态立县,全面推进绿色崛起"的发展主题,明确了构建"五大生态",打造"三个示范"发展思路,确定了"建设秀美富裕幸福的山水武宁"的发展目标,全力探索一条"生态优先、绿色发展"高质量的生态产品价值实现路径。

(一)"五大生态"的内涵

1. 发展绿色经济生态的根本路径是推动产业升级

武宁一直致力于推动"生态产业化,产业生态化"。在生态旅游方面,依托武宁的大山大水、好山好水,按照"各行各业+旅游"的思路,重点突出休闲养生,逐步把武宁建成全域旅游示范县的标杆,打造中国最美小城和国际运动休闲养生度假区;在生态工业方面,驱动创新引领,重点培育和壮大绿色光电、绿色食品、大健康等主导产业,加快"产业高端、高端产业"的发展;在生态农业方面,突出绿色安全,按照绿色、高效、精品的方向,延伸产业链条,促进农民增收,推动农村繁荣。

2. 构建优美自然生态的核心本质是保护资源环境

采取最得力的措施、最管用的办法治山理水、治乱革新,统筹兼顾山水林田湖

草生命共同体建设。在环境整治方面，坚持保护与整治并重，在全省率先探索和建立"林长制"，先后关停 47 家环保不达标企业，全面取缔庐山西海网箱和库湾养殖，庐山西海水质长期保持在国家Ⅱ类标准以上；在资源能源利用方面，坚持开发与节约并行，整体谋划国土空间开发，科学布局生产空间、生活空间、生态空间，规范各类资源梯级利用；在生态监管方面，坚持考核与追究并举，严格绿色考核、严格环保执法、严格生态补偿，对盲目决策造成严重后果的人，特别是对触碰生态、水资源、耕地和沿湖岸线这四条红线者，严厉追究其责任，而且要终身追究。

3. 塑造养生宜居生态的基本内容是统筹城乡发展

着力打造"全景武宁"，把城区作为景区来建设，把乡村当作园林来雕琢。在城市建设方面，按照旅游城市建设标准，围绕中国最美小城、庐山西海旅游经济圈大本营的定位及将县城建成 5A 级景区的目标，做老城的"装修工"、新城的"绣花匠"；在集镇建设方面，按照规划一步到位、建设分步实施的原则，沿国道、省道、环山区、湖区凸显区域优势、因地制宜地打造一批物流重镇、工业强镇、农业大镇、商贸名镇、生态美镇和旅游旺镇；在乡村建设方面，把农村纳入景区建设范畴，建设美丽乡村过程中注重乡土味道、注重结合产业融合发展，确保到 2020 年"整洁、宜居、和谐、美丽"的秀美乡村在武宁处处可见。

4. 建设和谐人文生态的根本目的是增进民生福祉

集中力量办好普惠性、基础性和兜底性民生实事，提升群众"获得感"。全面实施扶贫基本方略和政策措施，确保按期完成脱贫攻坚目标任务，确保同步小康；根据"人人享有基本公共服务"的目标，完善公共服务，将公共服务逐步扩展到整个城乡；根据经济发展和财力状况，加快建成覆盖城乡、制度健全、服务优质的社会保障体系，筑牢社会稳定的最后一道安全线；积极打造山水生态文化、推进民族民间文化、积极弘扬历史传统文化，加强生态文化基础设施建设，培育生态文化教育基地。

5. 营造清廉政治生态的坚实根基是高标准加强党建

不断加强和改进党的建设，努力使全县政治生态更加健康。加强思想作风建设，教育和引导全县各级干部牢固树立"四个意识"，在全县上下形成"一心一意谋发展，一门心思抓落实"的局面；加强领导班子和干部队伍建设，充分发挥党委总揽全局、协调各方的核心作用，打造"核心党委，高效政府"；加强基层组织建设，把抓基层、打基础作为长远之计和固本之举，积极探索"党建+"模式，选优配强基层党组织带头人，引导党员发挥先锋模范作用；加强反腐倡廉建设，认真落实中央八项规定，正风肃纪、反腐倡廉，不断开创党风正、民心顺、事业兴的新局面。

（二）"五大生态"与生态产品价值实现的逻辑关联

坚持生态优先，绿色发展，就要重视生态产品价值，生产更多优质的生态产品，实现绿色富民惠民。生态产品是公共产品，价值实现难度大。探索生态产品价值实现机制有利于加快补齐生态"短板"，增加生态产品供给，促进生态优势向发展优势转变。武宁"五大生态"既强调呵护宝贵的自然生态，又强调发展和提升"原"生态，还强调人文和政治生态，体现了"见物"和"见人"的统一，体现了"硬实力"和"软实力"的统一，是武宁县生态产品价值实现基础与发展路径的有机融合。

1. 统筹山水林田湖草保护修复综合治理

山水林田湖草是一个生命共同体，同时也是生态产品价值实现的重要平台和载体。武宁"五大生态"充分体现了在保护中发展、在发展中保护的理念。一是织密制度的网络，扎牢制度的"笼子"。武宁通过创新灵活生态机制，在全省率先实施林长制、多员合一生态管护机制，创新实施环保执法机制、生态补偿机制，为保护武宁优美自然生态，促进武宁生态产品价值实现提供制度保障。二是做好山水林田湖草生态保护修复文章。在山体保护方面，加强矿山与荒山修复治理、打击矿山非法开采；在湖水保护方面，推进水域综合治理，严控源头污染，加大水源地保护；在林草保护方面，坚持森林扩面揭标，加强古树名树保护、生物多样性和草地保护；在农田资源保护方面，全面整治抛荒地，强化土壤污染治理，构建"三位一体"耕地保护格局。构建生态机制和实施山水林田湖草生态保护修复是"五大生态"理念的充分体现，也为武宁生态产品价值实现奠定良好的基础。

2. 构建生态产业体系，推动绿色发展崛起

构建生态产业体系是生态产品价值实现的关键环节，也是武宁"五大生态"实践的重要内容。武宁以生态产业化、产业生态化为引领推进生态空间、生态旅游、生态工业、生态农业、生态文化融合发展，着力为农业种下"绿色"希望，为工业贴上"绿色"标签，为城市书写"绿色"未来。在生态空间方面，建设最美小城和美丽乡村，打造最干净县城；在生态旅游方面，打造"五型"（全域景区开发型、农头景区带动型、特色资源驱动型、产业深度融合型、功能配套衍生型）景区，推动"各行各业+旅游"理念落实落地；在生态农业方面，绿色兴农、质量

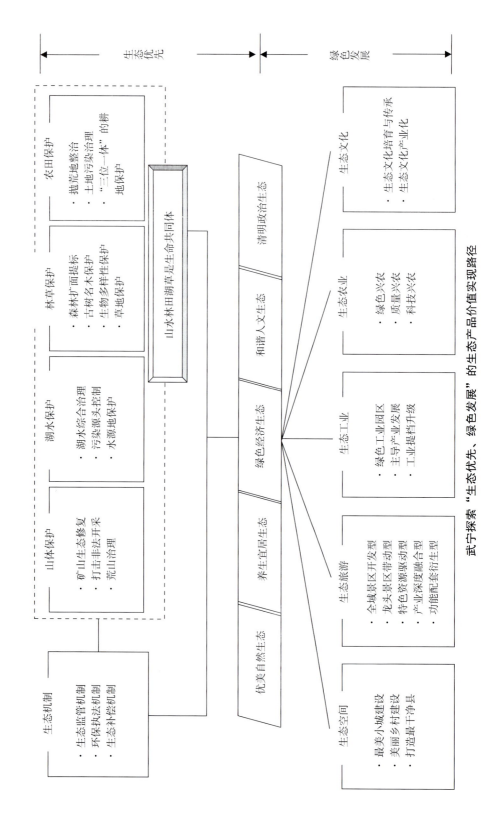

武宁探索"生态优先、绿色发展"的生态产品价值实现路径

兴农和科技兴农；在生态文化方面，加强生态文化培育与传承，促进生态文化产业化。

3. 持续探索生态产品价值实现机制，守护最普惠的民生福祉

武宁坚持走绿色发展道路，坚定不移保护绿水青山这个金饭碗，努力把绿水青山蕴含的生态产品价值转化为金山银山。进入新时代，武宁将坚持生态文明建设的主线和原则，加快构建生态文明建设体系，明确生态文明建设的具体路径；从生态产品价值实现方案设计，价值核算评估应用机制，生态产品市场交易体系等方面探索生态产品价值实现机制，推动武宁生态文明建设再上新台阶，实现新时代武宁生态文明建设新作为。

二、武宁县生态产品价值实现的生动实践

（一）始终坚持生态立县理念，以"五大生态"对接"五位一体"总体布局

武宁各届班子坚守"生态底线"，时刻与党中央关于生态文明建设的要求精准对标，以创新、协调、绿色、开放、共享发展理念为指引，坚定绿色崛起的理念不断升华。

1. 从要我保护到我要保护的转变

武宁生态优美、资源丰富。曾经，淳朴的武宁人信奉"靠山吃山，靠水吃水"传统模式，砍树卖钱，养鱼糊口，成了大多数农民的第一选择，粗放式的开发导致资源环境破坏，难以为继。武宁人民在摸索如何将生态优势转化为发展优势的可持续发展道路上，深刻领悟了"绿水青山就是金山银山"的真谛。现在村民不再砍树卖钱，而是把山林当成风景林，精心呵护，发展林下经济，开发森林旅游成为乡亲们在家门口发家致富的首要选择。

2. 从生态自觉到生态自信的转变

自党的十八大将生态文明建设纳入"五位一体"总体布局以来，武宁"绿色崛起"的路线图豁然明朗。2016 年，新一届县委在坚持历届班子的好做法、好经验，全方位调研，多角度思考的前提下，在县第十四次党代会上确定了"始终坚持生态立县，全面推进绿色崛起"的发展主题和着力构建"五大生态"、全力打造

"三个示范"的发展思路。"五大生态"理念全面且系统，涵括生态、发展、民生、人文和整治，体现了"见物"和"见人"的统一，是中央治国理政新理念新思想新战略的"武宁答卷"，是美丽中国"江西样板"的武宁实践，更是武宁人充满自信的具体行动。

3. 从绿水青山到金山银山的转变

绿色发展是理念，也是能力，践行"两山"理论，必须按照习近平总书记的要求，让良好生态环境成为人民生活增长点、经济社会持续健康发展支撑点、展现良好形象发力点、最普惠的民生福祉，将生态文明建设贯穿经济社会发展全过程。对武宁而言，无条件保护好、综合利用好天赐的优美自然生态，并将优势延伸至绿色经济生态、养生宜居生态、和谐人文生态、清明政治生态，才能实实在在统筹推进"五位一体"总体布局的时代进程中，既避免"先污染，后治理"，也让绿水青山激活发展动能，成为金山银山。

（二）全面实施绿色崛起路径，以"三个示范"满足人民对美好生活向往

武宁在绿色崛起的道路上聚力打造"三个示范"，推动多业融合，引领各领域都朝着"领跑者"的目标奋进，努力促成生态保护和高质量发展达到最有效的平衡。

1. 打造高颜值的"最美县域"

武宁全力推进"城镇建设示范县"创建，充分赋予建筑以旅游和山水自然元素，把城镇当景区建、把项目当景点建，打造高颜值的"全景武宁"。在城市，启动老城区"双修"和新城区提升工程；在农村，全面开展"全国美丽乡村建设示范百强县"和生态文明乡（镇）村创建，并同步常态化开展"美我武宁，净我家园"城乡环境综合整治，一批"脏乱差"的视觉污染在拆除老旧、疏通水系、还绿于民中脱胎换骨。

2. 培育高质量的"生态经济"

不搞大开发，也要大发展。武宁坚持"把生态做成产业、把产业做成生态"的理念，着力培育发展新动能。发展全域旅游，推动"各行各业+旅游"，努力创建全国首批"全域旅游示范县"。构建生态工业体系，坚持绿色发展理念，依托自身生态优势和传统产业基础，构建"1+3"生态工业发展新格局。根据农业生产绿色化、标准化、现代化、品牌化对农业提质增效，使生态农业不断释放新动能。

3. 呵护高品质的"绿色家园"

武宁人始终坚持像爱护自己的眼睛一样严守资源消耗上限、环境质量底线、生态保护红线，全力创建"绿色生态示范县"。净土行动，全面实行封山育林，投入大量资金用于保护国家、省级公益林等；减少面源污染，农药化肥使用基本"零增长"；大力推进新农村建设和农村清洁工程。净水行动：全面落实并升级"河长制"，大力实施"清河行动"，全面实施大水面清水渔业，改"拦水养鱼"为"放鱼养水"，保护水源免受污染。净空行动：关停不达标排放工业企业，全面取缔燃煤锅炉，在全省率先推行城区禁燃烟花爆竹，野外全面禁止焚烧垃圾、烧秸秆。

（三）不断打破固有利益藩篱，以机制创新保障生态文明长效坚持

始终牢牢把握体制机制创新这个核心任务，在重点领域和关键环节大胆先行先试，扎实推进生态文明体制机制改革，打破固有的利益藩篱，为生态文明建设长效坚持保好驾、护好航。

1. 把全面深化改革与生态文明建设相结合

对照中央及省市生态文明体制改革任务，结合武宁实际，率先成立了县委、县政府主要领导挂帅的高规格生态文明建设指导委员会，组建"生态智库"，聘请了国内顶级专家担任生态顾问，建立健全了高层次、全方位统筹推进机制。编制了《武宁县生态文明示范区建设规划》，并以此为基础配套制定了《武宁县水生态文明建设规划》《武宁县县域乡村建设规划》《武宁县创建"绿色生态示范县"工作方案》等一系列加强生态文明建设的规划和实施方案，建立和完善了促进生态文明建设的运行和保障机制。坚持创新驱动，在全省率先推行"林长制"；率先整合护林员、养路员、保洁员、河道巡查员等力量，成立生态保护管理员队伍，对辖区内的生态环境进行专业化管护；率先成立环境资源审判庭和林业监察室，形成法治震慑。

2. 把经济社会发展与生态文明建设相结合

一是提高企业准入的生态门槛，因地制宜发展绿色新兴产业。先后拒绝了造纸、制革、电镀、印染、钒冶炼等几十家高耗能、高污染企业。立足自身产业基础和生态优势，重点培育了以世明玻璃、同德照明、恒益电子为龙头的绿色光电产业，获批"江西省绿色光电产业基地"，朝着中国"灯饰之都、光明之城"的目标奋进。以江中中药饮片、百伊宠物为代表的大健康企业和以武宁山泉为代表的绿色食品企业已经投产见效。二是利用品牌优势对新型产业延链、补链和壮链。战略性

新兴产业利用上海大学研究院、上海永久中部制造基地等知名品牌优势，对接招引软件企业、新能源电动车企业及其配套项目，同景照明植物工厂、广盛电子科技等创新型企业不断释放生态与创新双重"红利"。三是完善基础配套设施和服务功能，优化绿色发展环境。大力发展电子商务、现代物流、旅游、养生等现代服务业，建设了联盛购物广场、鳌鱼商业广场、建材综合大市场等城市商业综合体。

3. 把增进民生福祉与生态文明建设相结合

以生态民生观的理念践行乡村振兴战略，让广大群众特别是贫困人口享受"生态红利"。利用扶贫政策，整合相关涉农资金，建成了全省规模最大的生态移民安置小区——武安锦城。探索建立了各类水库退出人工养殖、天然林商业性禁伐等长效机制。在实施"禁伐二十年"的同时，组建森林资源管护队伍，将原先靠山吃山、以砍树为生的伐木工变成护林员，解决了渔民、林工经济利益与生态保护的矛盾，增强百姓在生态保护中的获得感，感受良好的生态是最普惠的民生福祉。

第二章

绿水青山向金山银山转换的武宁成果

武宁县委、县政府牢固树立和践行绿水青山就是金山银山的理念，坚持在发展中保护、在保护中发展，着力构建"五大生态"，全力打造"三个示范"的发展战略，以江西省国家生态文明试验区建设为契机，以绿色生态示范县创建为主抓手，探索一条以"生态优先、绿色发展"为导向的"内涵式"高质量发展新路子，成为美丽中国江西样板的"武宁样本"。经过多方面努力，武宁在绿水青山向金山银山转化方面取得了以下四个方面的成效：

（一）唤醒沉睡的资源

2018 年，全县森林覆盖率提升至 75.50%，分别比九江市和江西省平均值高 19.1 个和 12.4 个百分点。空气质量优良率达 92.4%，环境空气 PM2.5 浓度为 26 微克/立方米，低于全省 38 微克/立方米的平均值，排名全省前列，居九江第一位；庐山西海水质在全省县界断面水质类别排名中继续保持第一，年均值评价为 Ⅰ 类，为全省唯一。城镇集中式饮用水水源地水质达标率为 100%，县域地表水水质保持稳定，全面消除了 Ⅴ 类及劣 Ⅴ 类水质，农药、化肥施用量实现负增长。在九江市城乡环境综合整治年终考核和乡村振兴战略"春风行动"考核中均位列第一。武宁县更是以全省第一名的成绩，荣获"全省最干净县"荣誉称号。

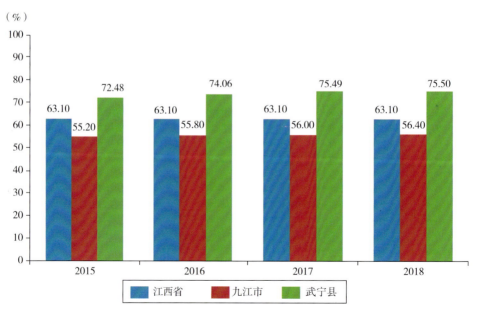

2015～2018 年江西省、九江市和武宁县森林覆盖率

资料来源：武宁县统计局。

(二) 实现身份的转换

2018 年，武宁完成生产总值 137.81 亿元，同比增长 8.7%；财政总收入 20.48 亿元，同比增长 9.0%。2018 年，城乡居民人均可支配收入分别达 32902 元和 15412 元，同比增长 8.6% 和 8.9%。一方面，探索生态扶贫新模式，提升居民获得感。以"村有扶贫产业，户有增收门路"为目标，推进"短中长"三类产业扶贫模式和扶贫车间扶贫基地两种模式。2018 年向 2762 户贫困户发放"短平快"产业奖补 147.3 万元；设立了 500 万元奖补基金，鼓励以"合作社+基地+贫困户"模式发展"两茶两水三花"等特色产业，成立 100 多个农民合作社和扶贫基地，关联

2015~2018 年武宁县主要经济指标情况

指标	2015 年		2016 年		2017 年		2018 年	
	产值 (亿元)	增长率 (%)	产值 (亿元)	增长率 (%)	产值 (亿元)	增长率 (%)	产值 (亿元)	增长率 (%)
生产总值	97.01	10.0	107.82	9.1	122.21	8.0	137.81	8.7
财政总收入	17.37	20.0	17.40	0.2	18.78	8.1	20.48	9.0

资料来源：武宁县统计局。

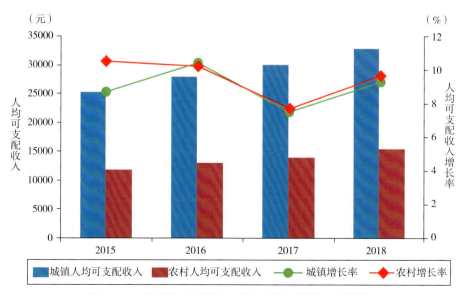

2015~2018 年武宁县城镇和农村人均可支配收入及增长率

资料来源：武宁县统计局。

贫困户 3377 户。2016~2018 年累计脱贫人数为 15643 人。另一方面，打造生态宜居城乡环境，提升居民幸福指数。城市"双修"全面推进，城市总体规划修编完成，完成环湖生态修复及绿道慢行系统、道路"白改黑"及管线下地雨污分流、沿湖景观改造提升等项目，加快实施"厕所革命"。高标准完成 241 个新村点建设，完成沿线 22 个景观节点和 1000 户美丽示范农户庭院建设，荣登"2018 中国最美县域榜单"，顺利通过国家卫生县城省级复审。

（三）凝聚最大的合力

2018 年，武宁县完成生态红线、基本农田、城镇开发边界上图落地，构建县乡村三级林长制、河长制，率先组建了 800 人的生态管护队伍，开创生态管护武宁新模式，释放出强大的要素集合乘法效应。建立环境保护行政执法与刑事司法衔接配合机制，成立修河流域生态环境保护合议庭、环境资源审判庭和林业检察室，使环保警察和环境法庭发生威力，积极推进环境污染公益诉讼，妥善处理九江地区首例检察环境公益诉讼案，形成法治震慑。

（四）收获广泛的赞誉

一是频频亮相央视媒体，江西省林长制工作现场推进会在武宁召开，经验做法被央视"新闻联播"头条报道；阳光照耀 29 度假区、花千谷、太平山野樱花、最美旅游公路永武高速等景区景点在央视一套等中央媒体多次亮相；长水村环保家训被新华网、央视等主流媒体和中宣部"大江奔流"采访团聚焦报道。二是屡屡登上主流报纸，《人民日报》刊登武宁县生态文明建设经验文章《做好生态与发展两张答卷》并配发题为《选对路，走得远》的点评；《以"生态"民生观引领"绿色"崛起》经验文章在全国生态保护与修复经验交流现场会上书面交流；"多员合一"生态管护创新经验被人民网等重要媒体相继报道，并纳入省生态文明建设成果汇编，在推进江西国家生态文明试验区建设部省恳谈会上书面交流；《江西日报》头版头条报道武宁县城乡环境综合整治工作。三是高标准承办重大会议赛事。武宁成功举办了 2017 年江西省旅游产业发展大会、全省生态文明先行示范区建设现场推进会；连续 5 年承办了鄱阳湖国际自行车大赛，还举办了中国滑水大赛、最美小城"山水武宁"杯全国门球赛、首届山水武宁体育彩票杯全省网球邀请赛。

保护 篇

　　"时有落花至，远随流水香。"用脚丈量古艾大地，倍感神清气爽、心旷神怡。究其缘由，就是武宁人如同善待自己的母亲一般，倍加呵护这里的一山一水、一草一木，休戚与共、敬终如始。

第三章

创新生态机制　风正一帆悬

2018年5月，习近平总书记在全国生态环境保护大会上指出，用最严格制度、最严密法治保护生态环境，加快制度创新，强化制度执行，让制度成为刚性的约束和不可触碰的高压线。打造"望得见山、看得见水、记得住乡愁""美丽江西"的武宁样本，既要把握生态文明浪潮的大势，又要立足资源禀赋实际；既要更具全局性的顶层设计，又要大胆地"摸着石头过河"；既要强化制度刚性，让制度成为带电的"高压线"，又要堵住制度漏洞，织密制度网络。

武宁在全国率先实行的林长制，先后获得省、市相关领导的多次批示，获得人民网、新华网、央广网等主流媒体的多次宣传报道，吸引了安徽、湖北、广西、山东、黑龙江等省市区以及江西省内共计30多个县市区的多次学习考察；在全省率先实行的"多员合一"机制，实现了生态品质的新提升、走出了脱贫攻坚的新路子、取得了乡村振兴的新进展；在环保执法方面，武宁法院率先成立生态保护合议庭——修河流域生态环境保护合议庭、环境资源审判庭，创建环资审判"法徽山水行"司法品牌。2017年江西省高级人民法院授予武宁县法院第一批省级"环境资源案件司法实践基地"等；在生态补偿机制方面，探索建立县级生态补偿机制，逐步提高生态标准，为打好脱贫攻坚战贡献了积极力量。

武宁生态机制创新主要体现在生态监管机制、环资审判机制和生态补偿机制三个方面。在生态监管方面，武宁县创新实施林长制和生态管护员制度，从组织架构、资金统筹、监督考评等多个方面完善运行和保障机制，确保林长制和生态管护员制度顺利实施。在环资审判机制方面，将"恢复性"司法引入环境保护，使破坏的生态环境得以快速恢复，维护了人民群众的环境权益；在生态补偿机制方面，从明晰补偿主体和标准、多种补偿方式相结合、补偿资金监管等方面创新实施流域生态补偿和公益林生态补偿。

一、立体式监管机制，一山一水皆是景

习近平总书记在党的十九大报告中强调，要改革生态环境监管体制，加强对生态文明建设的总体设计和组织领导，对改革生态环境监管体制作出了部署、提出了要求。武宁把资源消耗、生态效益等体现生态文明建设状况的指标纳入武宁经济社会发展评价体系。科学发展政绩考核、领导干部任期生态文明建设责任、自然资源资产离任审计等制度的完善，已成为推进武宁生态文明建设的重要导向和刚性约束。建立立体式监管机制，严格落实林长制、创新实施生态管护员制度等，构建了县、乡、村三级管护责任体系，把山林、田地、河湖的管理责任细化到村组，将决策权、管护权和收益权落到实处，做到"块块有人管，管得住，有效益"，真正实现保护者受益、消费者付费、损害者赔偿。

案例 1　林长制：让叠翠青山成为群众幸福靠山

（一）背景介绍

林是山之本，树是水之源。生态是武宁最大的优势、最强的软实力，并为武宁赢得了诸多赞誉。2016 年 5 月，国家林业局对武宁林业生态保护、国有林场改革、森林质量提升、林业产业发展、湿地公园建设等方面工作给予了高度评价，并要求武宁要牢固树立创新、协调、绿色、开放、共享发展理念，不断深化林业改革，积极探索森林资源保护管理新经验和新做法。2016 年 8 月，武宁县第十四次党代会郑重提出了"始终坚持生态立县，全面推进绿色崛起"的发展主题，确定了着力构建"五大生态"，全力打造"三个示范"，率先探索建立林长制的发展战略。2017 年 4 月 1 日，出台了《武宁县"林长制"工作实施方案》，在全国率先探索建立林长制，推动林业改革从"山定权、树定根、人定心"向"山更青、权更活、民更富"纵深发展，初步探索出了一条"护绿、增绿、用绿"三位一体、有机结合的林业发展新路子。

（二）特色做法

建成三级林长组织体系。武宁探索建立了三级书记任林长的林长制，构建了县、乡、村三级林长组织体系。其中，县级总林长、副总林长和林长分别由县委书记、县长和县四套班子相关领导担任，设立县级林长制办公室。全县共设总林长 1 人、副总林长 1 人、县级林长 20 人、乡镇林长（含林长、副林长）223 人、村级林长 637 人。在重要位置设立三级林长公示牌 226 块，实现了 882 名林长对全县411.3 万亩林地分级管理全覆盖。明确了县农业农村局、县财政局、县自然资源局等 19 个县级林长制成员单位相应的职责，保障了林长制工作的顺利推进。

建立林长制相关配套制度体系。出台了《武宁县"林长制"护林员管护办法》、《武宁县 2018 年"林长制"重点工作安排》、《武宁县领导干部森林资源资产离任审计实施办法》等各项制度。2018 年县总林长第一次会议通过了《林长制县级会议制度》、《林长制县级督办制度》、《林长制信息报送制度》和《林长制县级通报制度》4 项制度。

　　搭建森林资源源头管理网络体系。武宁在森林资源源头管理上实行"一长两员"制。"一长"就是县乡村三级林长，"两员"就是监管员和生态管护员。监管员由林业工作站工作人员兼任，生态管护员由"乡管、村聘、村用"的生态管护队伍构成。确保每块森林、每棵树木都有对应的县级林长、乡级林长、村级林长、监管员、护林员，实现了森林资源管理保护全覆盖。

　　确立林长制推进责任体系。为全面贯彻"绿水青山就是金山银山"发展理念，更好地保护和发展森林资源，深入推进和实施林长制工作，武宁县设立县林长办公室，负责全县林长制的组织实施和落实县级林长决定的事项。为保障工作的顺利推进，县林长办公室推行了一系列办法：列清单，武宁县林长办每年都将林长制各项工作进行细化量化，分解到责任林长、责任单位、责任人，限时完成，确保工作落到实处。督进度，武宁县林长办对各单位林长制工作开展情况实行一月一督查、一季一调度，建立整改台账，实行销号管理。评成效，将林长制工作纳入全县各乡镇及相关单位目标管理考评，对成绩突出的单位和个人在全县三级干部大会上予以表彰，对工作不力的予以通报批评。"审"资源，对离任乡（镇）、村两级林长，由县林长办、县审计局等部门牵头执行森林资源资产离任审计，审计结果作为武宁地方干部综合考核评价的重要依据。对成绩突出的按规定给予表彰、奖励或提拔重用；对有问题的按照相关规定进行处理，构成违法犯罪的移交司法机关追究刑事责任。建微群，由武宁县林长办公室牵头组建林长制微信工作群，囊括县、乡（镇）、村三级林长，

武宁县林长责任公示牌

包括布置任务、落实成效、反映情况等事项，大大地提高林长制工作信息反馈力度，方便实时掌握工作进度，及时解决遇到的困难和问题，提高了工作效率。县林长办公室管理运行上组织有序、推进有力、统筹有效、成效明显。

（三）主要成效和影响

森林资源显著提升。实行林长制以来，武宁森林资源实现了"一减少三增加"目标，即破坏森林资源的案件减少了32%；林地面积由2015年的405万亩增加了6.3万亩，2018年达到411.3万亩，占全县总面积的78.2%；森林覆盖率由2015年的72.1%提高到2018年的75.49%；森林蓄积量由2015年的1460万立方米提高到2018年的1720.9万立方米，实现了森林面积和森林蓄积"双增长"。此外，山上的40多万棵野生红豆杉得到了有效保护。

各项荣誉接踵而来。武宁先后荣获全国集体林权制度改革先进典型县、全国生态文明建设示范县、国家森林旅游示范县、全国生态保护与建设示范区、国家级生态示范区、国家园林县城、全国全域旅游示范创建县、最值得向世界推介的50个中国最美的小城、国家森林城市、省级森林城市等荣誉称号。

林长制的社会影响不断扩大。首先，武宁林长制工作得到江西省领导的充分肯定，并作出重要批示，要在全省推广武宁林长制的经验做法，林长制已经在全省逐步推行；其次，吸引了兄弟省市区前来考察和学习，40多个县市区先后到武宁学习考察林长制工作；最后，得到主流媒体的相继报道，武宁县林长制工作被列为央视《改革再出发》栏目选题，在《中国绿色时报》、《江西日报》头版头条，《九江日报》等主流媒体，人民网、新华网、央广网、中国江西网、凤凰网、东方头条等知名网站先后多次报道林长制工作情况。

参 阅 文 件

〔2017〕13 号　　　江西省人民政府办公厅

编者按：武宁县牢固树立"绿水青山就是金山银山"的发展理念，在全省率先探索建立县乡村三级"林长制"，推动林业改革从"山定权、树定根、人定心"向"山更青、权更活、民更富"纵深发展，初步探索出了一条"护绿、增绿、用绿"三位一体、有机结合的林业发展新路子。现将武宁县的做法予以印发，供各地学习借鉴。

山更青　权更活　民更富

——武宁县率先推行"林长制"争当"美丽中国"江西样板排头兵

习近平总书记指出，森林是人类生存发展的重要生态保障。筑牢森林这个绿色屏障，是推进生态文明建设的重要内容。武宁县作为江西省的生态大县、林业大县，多年来致力于森林资源的科学保护、合理开发和制度创新，森林质量明显提升，全县森林覆盖率达到74.04%。为进一步巩固和提升林业发展成果，该县牢固树立"绿水青山就是金山银山"的发展理念，探索建立"林长制"，推动"山定权、树定根、人定心"的林改经验向"山更青、权更活、民更富"的纵深发展，初步探索出了一条"护绿、增绿、用绿"三位一体、有机结合的林业发展新路子。

江西省政府关于介绍林长制经验的参阅文件

罗坪镇林长制宣传牌

案例2　生态管护员制度：破解生态缺管和难管困局

（一）背景介绍

武宁为了改善农村环境，加强生态和资源保护，设立了一些公益性岗位，有保洁员、护林员、养路员、河道巡查员等。但是存在很多弊端，如岗位招聘透明度不高、存在优亲厚友、履职不到位等现象，而有的岗位工作任务重，工资却只有五六百元。在新农村建设村庄后期维护、农村建房监管及社会综治事务等又无人管理。武宁县委、县政府高瞻远瞩、创新思路，采取整合资源，多员合一，划定区域、统一职责、网格管理的办法，建立农村生态管护员制度，即将农村保洁员、护林员、养路员、河道巡查员、新农村建设护绿员、农村建房监督员和农村社会事务网格化管理员合并为农村生态管护员。2017年12月上旬，县政府制定出台了《武宁县农村生态环境管护办法（试行）》和《武宁县农村生态环境管护实施细则》两个文件，从2018年开始，各乡镇、工业园区正式推行农村生态管护员制度。

（二）特色做法

1. 构建全域管控机制，改变"九龙治水"困境

精心打造专业队伍。本着"依事定员"原则，武宁按照农村服务人口2‰~

3‰的比例全面整合原有分散的、季节性的、收入低的护林员、养路员、保洁员、河流巡查员等队伍，转化为集中的、全季性的、收入相对合理的专业队伍，实现一人一岗、一岗多责。全县生态管护队伍力量由整合前的2219人精简至800人，通过集中培训与分片指导方式，全面提高生态管护员的水平和能力。

科学划定管护区域。将全县森林资源、河道溪流、乡村公路、基本农田、秀美农村、园林绿化等生产生活生态统一纳入一个立体空间，综合考虑山林面积、公路里程、河流长度、村庄数量等因素，合理划分为若干个管护区域。成立县乡两级农村生态环境管护领导小组，建立联席会议制度，强化统筹管理。

完善资金统筹机制。按照"谁受益，谁出资"的原则，整合原护林员、保洁员补助和乡村公路养护费等，设立武宁县生态环境管护专项资金，实行专账管理、专款专用。其中财政统筹、乡镇自筹、群众有偿服务按8∶1∶1比例分摊，县财政统一安排生态环境管理考核奖励资金160万元。通过一系列整合，管护员收入有了大幅增长，每年最高可达2万元，有效地提高了管护员的工作热情。全县总体投入由原来的每年2000万元降至1760万元，政府既集中了工作力量，提升了工作效率，又减轻了基层负担，实现资源、资金使用效益最大化。

2. 建立标本兼治系统，破除"头痛医头"的局限

树立争当"主人翁"榜样。严格执行林长制坚持常态化巡山，人均管护森林面积3000亩以上，平均每两天巡山一次，对于森林质量的问题，积极开展造林绿化，提高植绿、补绿时效性和针对性。全面落实河长制坚持常态化巡水，对全县15条50平方公里以上河流的河道进行检查管控，深入推进农村面源污染防治，清理河道垃圾及其他废弃物、堆积物，维护湖区渔业秩序。围绕"垃圾不落地"在常态化保洁的基础上，生态管护员全面参与农村环境综合整治行动，聚焦220国道、305省道两条美丽示范风景线打造，助力提升乡村颜值、涵养气质。自2018年以来，重点实施抓点、连线、带面"齐步

武宁县生态管护员相关文件

走"拆除乱搭乱建、破旧空心房、危房、猪牛栏舍等 32 万平方米，拆除铁皮棚 9.8 万平方米，拆除破损牌匾广告 2499 处，清理垃圾死角 3857 处。

制定政策"组合拳"。整合前的生态管护仅仅停留于举报和反映问题，对破坏环境的违法行为无法及时、有效地予以制止。为破解这一难题，武宁健全公安、环保、林业、水利、国土等多部门联动执法机制，充实"生态警"力量，加大对环境污染违法案件的综合惩处力度。2017 年，全县生态管护员及时制止乱砍滥伐林木 25 起、违规用火 18 起、乱挖滥采砂石和占用河道行为 32 起，非法排污违法行为 10 起，制止非法捕鱼 61 起、私自拦网 36 起。

生态管护员在日常巡护

建立严格的考评机制。武宁县建立了生态管护员工作档案，利用手机定位等科技手段，对管护员履职情况实行网格化的监督管理。同时，开展"月巡查、季评比、半年考核、年终总考评"的常态化考核管理，实行效益工资奖励制度，对年度考核优秀及合格者，按比例发放效益工资；对考核不合格者，除扣效益工资外，不再予以续聘；对工作不负责任、玩忽职守、导致生态环境遭受严重破坏的严格依法追究责任。

(三) 主要成效

生态品质实现新提升。生态管护员队伍有力地推动了生态文明建设发展。全县森林覆盖率提高到 75.49%，境内大小河流 603 条水质常年保持在国家 Ⅱ 级标准以

生态管护员在日常巡护

上，农村面貌焕然一新，人居环境持续提升。2017 年，武宁被列为全国 33 个生态保护与建设典型示范区之一（江西省唯一的一个），先后获评国家森林城市、全国绿化模范县、中国候鸟旅居小城、全国百佳深呼吸小城、中国天然氧吧、全国森林旅游示范县等多块"国字号"招牌。

脱贫攻坚走出新路子。生态管护岗位优先吸纳有劳动能力的贫困人口,已有150名贫困群众就地就近就业,实现了一人就业、全家脱贫。不少贫困户还积极参与生态保护、修复工程建设和发展生态产业等项目中,进一步提高收入水平,改善生活条件,带动村民共同致富。

乡村振兴取得新进展。全县多地成立了以生态管护员为主体的乡里和解室,2017年全年协助村"两委"调处化解矛盾纠纷2315起,乡风民俗在潜移默化中持续向好。积极开展生态管护政策宣传,树立生态理念,传递生态知识,传播生态成果,引导村民积极参与"全国文明城市"创建中来,变"要我保护"为"我要保护",带动了生态产业和乡村旅游快速发展。一幅"产业兴旺、生态宜居、乡风文明、治理有效、生活富裕"的美丽乡村画卷已初具雏形。

 案例点评

党的十九大报告中强调,要改革生态环境监管体制。武宁作为江西省的生态大县、林业大县,多年来致力于森林资源的科学保护、合理开发和制度创新,率先在全省实行林长制,实现了由"山定权、树定根、人定心"到"山更青、权更活、民更富"的跨越,进一步释放林长制生发的绿色发展新活力,生态根基越筑越牢固,生态优势越来越明显,同时也推动了全县经济社会发展和党的建设各项事业不断取得新成效。

农村生态环境治理与乡村振兴战略的实施互促共进,前者是实施乡村振兴战略题中应有之义,也是实施该战略的助推器,后者为农村生态环境治理提供了新的契机。针对当前农村生态管护呈现主体与政策双重碎片化倾向的问题,武宁在全省率先实施"生态管护员"制度,破解了"九龙治水"难题,在农村生态环境治理方面形成工作合力,探索形成了"四化"新路子,不断提升了武宁优美生态环境的生态效益和社会效益。

二、零容忍执法机制,一草一木总关情

武宁环保部门高度重视生态文明建设,不断健全环境保护工作机制,实施零容忍执法机制,强力推进大气、水、土壤污染防治"三大战役";强力推进污染治理项目,严厉打击各类环境违法行为;深入实施环资审判机制,将"恢复性"司法

引入生态环境保护，解决了一批突出环境问题，全县环境质量逐步好转，人居环境进一步改善。

案例　环资审判机制：山水之间法徽闪耀

（一）背景介绍

武宁县法院坚决落实习近平总书记提出的"共抓大保护，不搞大开发，推动长江经济带高质量发展"的要求，把保护长江支流绿色生态，强化庐山西海环境司法保障纳入"弘扬井冈山精神，争创一流业绩"主平台。在建设好全省环境资源案件司法实践基地的基础上，2019年又开建庐山西海水生态司法保护基地，大力推进环境资源审判工作山水双基地运行，确保修河一江清水东流，为长江支流生态文明建设和新时代山水武宁的高质量发展提供了坚强的司法服务和保障。

（二）特色做法

加强环资审判能力建设。深入学习贯彻习近平新时代中国特色社会主义思想特别是习近平生态文明思想，适应新时代要求，加强环境资源审判专业培训和业务交流，紧紧围绕"努力让人民群众在每一个司法案件中感受到公平正义"的工作目标，努力打造一支政治强、本领高、作风硬、敢担当的专业化环境资源审判队伍。

延伸环资审判职能作用。加强旅游巡回审判点增量扩面，为城乡环境整治主动提供司法保障，全面服务美丽乡村建设。加强与公安机关、检察机关以及环境资源保护行政主管部门之间的证据提取、信息共享和工作协调，推动构建党委领导、政府负责、社会协同、公众参与、法治保障的现代化环境治理体系，协同打好污染防治攻坚战和生态文明建设持久战。

完善生态修复性司法多元参与机制。建设好环境资源案件司法实践基地和庐山西海水生态司法保护基地，持续推进生态修复性司法。培养扶持生态保护公益组织和环保志愿者开展环境公益活动，积极构建生态修复性司法多元参加机制，推动形成生态文明建设信息共享、共治。

加强环资审判宣传工作。通过"法徽山水行"的巡回审判活动，充分运用新媒体以巡回审判、庭审直播、公开宣判、以案说法、发布典型案例等形式，进一步增进社会公众对环境资源审判工作的知情权，提升品牌的知名度和司法公信力，为生态修复性司法营造了良好的民意基础。

（三）主要成效

以执法办案为中心，依法审理一批生态环境资源案件。自2016年以来，武宁县法院共审理环境资源刑事案件 68 件，审理环境资源相关民事案件 112 件。其中审理破坏庐山西海流域内植被类失火案、滥伐林木案、非法采矿案等 21 件，破坏生物多样性类非法捕鱼案、非法狩猎案等 8 件，破坏庐山西海水环境类污染罪案 5 件。2017 年江西省政府新闻办与省法院联合发布的环境资源十大典型案例中，武宁县法院有两件入选。

依托两个司法保护实践基地，开展了一批生态修复工程。2016 年，与县林业部门联合在石渡乡建立了 100 亩的环境资源案件生态修复示范基地，现该基地已全部实现荒山复绿。2018 年，武宁法院又在宋溪镇筹划拓展建立新的 500 亩生态修复基地，现已建成 200 亩。建设庐山西海水生态司法保护基地，在西海水域开展增殖放流活动 16 场，放流鱼苗 600 万尾。2018 年，在杨洲乡建设了旅游景区生活污水处理系统，开展庐山西海水生态修复工程。通过两个基地的司法修复，保障了庐山西海的山清水秀，确保鄱阳湖源头的一江青水东流。

完善了环资纠纷多元共治体系，形成了环境保护的最大合力。积极开展环资案件巡回审判活动，助推"法徽山水行"司法品牌再升级。积极以群众身边的案例开展以案普法，提升群众环境保护意识。主动入驻县综治中心平台，积极在环资案件引进纠纷多元化解机制，与环保、林业、国土、新闻媒体等 18 个相关部门建立信息共享与执法合作机制，形成打击环资犯罪与生态修复的合力，完善环资案件综合治理大格局，实现了办案基地与生态修复基地无缝链接。

延伸环资审判职能，服务庐山西海高质量发展。一是设立生态旅游巡回法庭，为绿水青山向金山银山转变提供司法保障。2018 年，依托环境资源审判庭，在武宁桃花岛和西海湾两个大生态旅游景区设立生态旅游巡回审判点，服务全域旅游工作。二是帮扶建设生态扶贫基地，助力乡村振兴。2019 年，在石门楼镇中村、厩下村帮扶建设金银花生态扶贫基地，吸收附近村庄 50 多名贫困户在家门口就业增收。三是引导企业绿色合规经营，依法保障全面绿色崛起。提前介入工业及旅游项目环评，为使武宁产业转型致力于为绿色崛起提供积极的司法服务。

江西省高级人民法院环境资源司法实践基地授牌

执法小故事（一）

武宁县恒胜水电开发有限公司诉江西巨通实业有限公司水污染责任纠纷案

（一）基本案情

江西巨通实业有限公司（以下简称巨通公司）取得武宁县钨矿的开采权后，开采生产钨矿过程中所产生的废矿石直接倾倒入河沟，造成矿区流域内河道淤积阻塞，进而导致武宁县恒胜水电开发有限公司（以下简称恒胜公司）水电站经常有水不能正常发电。为此，恒胜公司诉至法院要求赔偿发电量相应地减少等损失合计 2071278 元。在诉讼过程中，江西中晟司法鉴定中心就巨通公司排污造成恒胜公司的电量损失、发电机组及配件、增建沉砂池及清理沉砂等必要费用进行司法鉴定，三项损失合计为 2135550.64 元。

（二）裁判结果

武宁县人民法院一审认为，本案为水污染损害赔偿纠纷案，举证规则适用举证责任倒置规则。本案原告恒胜公司主张被告巨通公司自取得武宁县钨矿的开采权以来，违反国家环保相关法律法规的规定，向河道直接排放含有大量泥沙及化学物质的污水、废渣，导致其公司平坳里水电站严重受损，并提交了相应证据。而被告未提供证据证明该污染并非其公司行为所致，且未能举证证明其公司行为与原告的损害结果之间无因果关系及存在法律规定的免责事由，故推定被告对平坳里水电站有污染行为，并认定水电站受损与被告的行为具有因果关系，被告应依法承担对原告的污染侵权责任。原告主张要求被告赔偿损失 2071278 元在该司法鉴定书评估鉴定确定的损失范围内。遂判决：被告巨通公司赔偿原告恒胜公司各项损失 2071278 元；被告巨通公司停止对原告恒胜公司平坳里水电站的污染侵害。九江市中级人民法院二审维持了一审判决。

（三）典型意义

环境污染损害赔偿纠纷属特殊类型的侵权纠纷。因环境污染引起的损害赔偿诉讼，由加害人就法律规定的免责事由及其行为与损害结果之间不存在因果关系承担举证责任，也即环境污染损害赔偿纠纷适用举证责任倒置规则。该案为适用举证责任倒置规则的典型案例。

执法小故事（二）

被告人陈某滥伐林木补种复绿案

（一）基本案情

2015 年 10～12 月，陈某为在自己承包的山场种植油茶，在未办理林木采伐许可证的情况下，雇人砍伐山场杂木 42.3 亩。经鉴定，所砍伐树种为阔叶树，计立木蓄积 71.21 立方米。案发后，山场所在地的 50 余名村民请求对陈某滥伐林木罪从轻处罚。陈某及其家属委托代为义务造林 8 亩，并已按约定全额支付造林款 14880 元。

2006 年初和 2014 年 7 月至 2015 年 7 月，陈某两次在未办理林地占用审批手续的情况下，雇人在自己承包的山场围坝修建鱼塘、公路及屋基。经鉴定，陈某共占用林地 4.881 亩。林权证记载该林地的林种为用材林。

（二）裁判结果

武宁县人民法院一审认为，被告人陈某违反森林法的规定，未办理林木采伐许可证，雇人任意采伐所承包山场的林木，数量较大，其行为已构成滥伐林木罪。被告人陈某其他占用林地的面积为 4.881 亩，并未达到数量较大的标准，且起诉指控与林权证记载的用材林林种不符，故犯非法占用农地罪的事实不清，证据不足，罪名不成立。陈某归案后如实供述了滥伐林木的犯罪事实。案发后，陈某及其家属积极委托植树造林、恢复生态，确有悔罪表现，且部分村民联名出具从轻处罚申请书。综上，认定被告人陈某滥伐林木罪犯罪情节较轻，悔罪态度较好，符合缓刑适用条件。判决：被告人陈某犯滥伐林木罪，判处有期徒刑二年，缓刑三年，并处罚金 5000 元。被告人服判未上诉。

（三）典型意义

由于检察机关并未提起附带民事诉讼，该案将被告人植树造林情节作为其悔罪表现的一种考察方式，且创造性地鼓励被告人交纳委托造林基金，委托林业部门植树，以能快速、有效地完成植树造林，是修复性判决的一种有益探索。

 案例点评

保护生态环境，治理环境污染，法治不可缺少。武宁县法院全面贯彻落实创新、协调、绿色、开放、共享五大发展理念，充分发挥审判职能作用，不断回应人民群众对司法公正的期待。通过加大涉及环境资源案件的司法处置力度，加强环资审判能力建设，完善生态修复性司法多元参与机制等切实维护了人民群众环境权益和环境公共利益，在推进生态文明建设中发挥了不可替代的作用，同时也为武宁生态产品价值实现提供了坚实的司法保障。

三、激励性补偿机制，一心一意谋民利

党的十九大报告提出建立市场化、多元化生态补偿机制，同时把它列为加快生态文明体制改革的重要任务之一。武宁在大力实施生态保护建设工程的同时，积极

探索生态激励性补偿机制建设，一心一意谋民利。在脱贫攻坚工作中，把生态扶贫作为扶贫的重要途径之一，始终坚持把生态保护与农民增收相结合，践行"绿水青山就是金山银山"的发展理念。通过落实流域生态补偿、森林生态效益补偿公益林生态补偿，采取农村能源项目补助、营造林推进、林业贴息贷款发放、生态护林员聘用、非天然林停伐补助、林业生产技能培训、创新生态司法补偿等措施，既保护了武宁县的生态环境，又增加了建档立卡贫困户的收入。

案例1　流域生态补偿：破除流域管护的地域界限

流域水资源生态补偿是生态补偿的一种重要形式，是针对流域跨界污染、采用公共政策或市场化手段来调节不具有行政隶属关系而生态关系密切的地区间利益关系的制度安排。建立流域水资源生态补偿机制是建设美丽中国的重要举措之一，是新时代生态文明建设的重点。武宁地处修河中游，坐拥庐山西海80%的水域面积，一直以来，武宁坚持以习近平新时代生态文明思想为指导，坚决贯彻"共抓大保护、不搞大开发"的方针，致力于庐山西海一湖清水的有效保护；累计投资逾8亿元，实施一系列生态保护与修复工程，持续深入推进生态和城乡环境综合整治，着力培育和壮大生态经济，为江西省推进国家生态文明试验区建设做出了突出贡献、提供了有益经验。

修河风光

清晰界定补偿的主体和对象。武宁县根据"谁受益，谁补偿，谁保护，谁受益"的基本原则，较为明确的界定了流域生态补偿的主体和客体。补偿主体主要是生态环境的受益者，而流域补偿的对象则为流域上游地区的居民、集体和政府等。

完善补偿标准。武宁县根据当地流域的实际情况，将具体情况与国家的整体标准相结合，使用支付意愿法、机会成本法、补偿模型法、费用分析法、水资源价值法等方法计算流域生态补偿标准，并在有矛盾冲突的时候通过协商协调，最终核算制定相应的补偿标准。

探索多元化补偿方式。武宁县结合流域实际情况，紧扣国家产业政策，在"输血式"的货币补偿之外，探索"造血式"的补偿方式，以期达到覆盖范围广、惠及群众多、适用效果好的补偿目的。从庐山西海流域的实际情况出发，流域的生态补偿方式除了中央和省政府财政转移支付等货币补偿、生态移民安置等形式外，还采取政策扶持、承接产业转移和园区共建、推进精准扶贫、专业技术培训和创新生态司法补偿等方式。

案例 2 公益林生态补偿：让农民不砍树也能致富

公益生态林补偿在于弥补公益林经营者的损失并使其获得一定的收益，保护生态安全、维护生态平衡。武宁积极探索建立县级公益林生态补偿机制，逐步提高生态公益林补助标准，认真落实《江西省公益林生态补偿资金管理办法》，2018 年，争取实施公益林生态补偿工程 130.57 万亩，其中包括国家级生态公益林 94.88 万亩，省级生态公益林 35.70 万亩，补偿资金达 2400 多万元，极大地调动了林农护林的积极性和主动性。

明确补偿对象和补偿标准。武宁公益林生态补偿对象包括自然保护区、国有林场、集体林场、森林公园、其他所有制形式的单位和个人。补偿标准按集体和个人所有的补偿 18 元/亩；专职护林员的管护劳务补助 2 元/亩；乡镇政府和林业工作站监管支出 1 元/亩（其中乡镇政府 0.3 元/亩、林业工作站 0.7 元/亩）。国有公益林生态补偿资金按 21 元/亩，由县财政拨入国有公益林单位。

创新补偿方式，实行"技术+政策"补偿相结合。武宁除了以资金补偿为主外，还采取了技术补偿和政策补偿两种方式。技术补偿主要是为愿意发展林下经济的林农提供生产指导、技术服务和生产培训等，培养技术人才。政策补偿主要体现在贷款方面，对有贷款需求的林农，降低贷款门槛，或者给予优惠吸引林农贷款。此外，武宁县创新生态司法补偿，采取补种复绿、劳役代偿等方式进行公益生态林补偿。

武宁县公益林

　　制定严格的生态公益林检查验收程序。武宁县林业局下发了《关于开展2018年度生态公益林检查验收工作的通知》（武林字〔2018〕号），将全县20个乡镇（园区）分7个片区进行检查，由各林业工作站对公益林管护情况进行交叉检查。查阅公益林经营、管护档案、听取了护林员情况汇报，及时掌握和了解了公益林的增减变化、管护质量、资金使用等情况，确定发放公益林生态补偿资金。

　　加强公益林补偿资金管理监督。武宁县林业局对公益林生态补偿资金检查结果和发放名单进行公示，同时各乡镇财政所对农户一卡通信息进行核实。武宁县涉农项目资金监管领导小组办公室对公职人员领取补偿资金进行监督。2017年已向县林业局发了《关于监管平台预警信息处理的交办函》，涉及大洞乡等5个乡镇28名公职人员金额39981.79元。2019年9月，县林业局计财股组织公益林办、林业工作总站对全县集体补偿资金的使用进行检查。

 案例点评

　　建立生态补偿机制是建设生态文明的重要制度保障。武宁立足生态优势，通过结合生态保护进行精准扶贫，开展流域生态补偿机制、公益林生态补偿机制创新，探索出生态补偿机制和生态扶贫共享发展新模式，切实提高了农民的收入，进一步改善了生态环境，充分显现了生态环境的经济价值和社会价值，对江西省及欠发达地区的生态补偿机制的建立和完善及脱贫攻坚的实现有着宝贵的借鉴意义。

第四章

保护山体资源　山青花欲燃

习近平总书记在党的十八届三中全会上指出，我们要认识到，山水林田湖草是一个生命共同体，人的命脉在田，田的命脉在水，水的命脉在山，山的命脉在土，土的命脉在树。如果破坏了山、砍光了林，也就破坏了水，山就变成了秃山，水就变成了洪水，泥沙俱下，地就变成了没有养分的不毛之地，水土流失、沟壑纵横。当前，由于环境法制不健全，公民对环境保护意识薄弱，矿山开采，毁林开荒，乱砍乱伐，导致山体遭到严重破坏。推进山体生态保护与修复工作，是推进生态文明、建设美丽武宁的必然要求，是生态产品价值实现的前提条件。武宁持续加强山体保护和修复工作，在矿山生态修复、打击非法开采、荒山治理方面建立健全长效保护机制和修复计划。

在矿山生态修复方面，以制度建设为抓手，严格执行矿山生态环境保护与恢复治理的有关法规；以科学技术为支撑，因地制宜地开展废弃矿山生态修复工作；以加强监督管理为基础，全面推进在建矿山"边开采、边治理、边复绿"。截至2019年4月底，全县90家废弃矿山，已有75家完成恢复治理，治理率达83%。全县矿山恢复治理工作正朝着"新账不欠，旧账逐步还清"的目标迈进。

在打击非法矿山开采方面，采取强化监督管理，严厉打击超层越界违法开采行为，开展全面整治矿产资源开发秩序活动，加强部门之间联动等举措，有效地遏制了矿山非法开采势头。

在荒山治理方面，十分重视绿化造林，先后出台了一系列政策措施和奖补办法，并积极争取国家绿化专项扶助资金。大力推进精准造林灭荒，鼓励造林企业和造林大户、造林专业户营造经济林、用材林、油茶林及花卉苗木风景林，并为其提供技术指导，把低效林改造成为融经济效益、生态效益为一体的林果基地，架通绿水青山与金山银山之间的桥梁。

一、矿山披绿装

武宁认真贯彻落实习近平总书记在深入推动长江经济带发展座谈会上的重要讲话精神，把修复长江生态环境摆在压倒性位置。贯彻落实自然资源部制订的《长江经济带废弃露天矿山生态修复工作方案》，开展矿山环境恢复治理、发展绿色矿业助力长江经济带成为我国生态文明建设的先行示范带、创新驱动带、协调发展带。武宁成立了由主要领导为组长，各相关单位以及各相关乡镇主要负责同志为成员的工作领导小组，制订了《武宁县石材开采加工和石灰窑环境污染问题专项整治实施方案》，明确了整改要求和整改时限；召开了矿山环境整治"百日攻坚"行动部署会，研究制订了《武宁县矿山环境整治"百日攻坚"工作方案》；聘请了九江地质工程勘察院对县域内全部露天开采矿山（41家）进行生态修复整改方案编制，更具针对性地提出了整改措施，实行"一矿一案"进行整改。例如，船滩镇大理石矿山环境整治、石门楼镇星武瓷土矿开展水土保持监督等，矿山修复工作取得显著成效，使矿山披绿装。

案例1　船滩镇露天矿山修复：给秃山披上绿装

船滩镇露天矿山点多面广，而且企业重开采、轻治理现象严重，严重破坏了生态环境。船滩镇历来高度重视矿山环境整治工作，并积极配合全县露天矿山环境整治"百日攻坚"行动。经过长期生态修复和专项环境整治，船滩镇辖区内大理石矿山已全面投入治理，治理开工率达100%，累计投入资金约280万元，清理废石1.2万立方米，平整土地1.1万平方米，硬化矿区道路200米，栽植桂花、松柏等绿化树木3万株，铺设草皮1.2万平方米，播撒草籽300公斤，完成绿化面积总计约3万平方米。

志良大理石矿整治前后对比

逐矿编制修复方案，明确职责细化分工。首先，邀请专家为船滩镇大理石矿山逐个编制了生态修复整改方案，就地质环境、生态治理、水土保持、安全隐患等各方面制定具体的治理措施，因策施治，从而确保治理的质量。其次，每个阶段、每个步骤、每个事件节点都明确工作内容、时序进度，把责任逐项分解到部门、落实

到岗位、量化到个人，使各项工作和各个环节有人抓、有人管、有人负责。

以巡查促推进，确保修复方案落地。船滩镇矿山环境治理行动，不论是前期的宣传动员、摸底调查，还是后期的会商研判、综合整治，都做到以巡查促推进，确保每个环节实打实、不敷衍、不玩虚招、不走过场。

创新废渣处理思路，加快生态修复进度。船滩镇通过对大块废石实施爆破和鼓励砾石场利用整治矿山废石进行加工的方式，大幅度提高废石破碎和清理速度。通过播撒草籽和培植草皮相结合的方法，提高了矿山复绿的效果。通过将整治工程承包的方式解决了个别矿区老板身在外地，无人整治的难题，大大加快了矿山生态环境修复进度。

案例2 石门楼镇星武瓷土矿：昔日泥沙俱下"千行泪"，如今绿树掩映"水草肥"

石门楼镇星武瓷土矿区属亚热带气候，湿热多雨，四季分明。矿区地表植被为稀疏松树、芭茅草等杂草，且因长年乱采滥伐，导致矿区水土流失强度为中度。石门楼镇为夯实"山水武宁"，落实好生态保护政策，成立了星武瓷土生态恢复治理领导小组。根据矿山地质环境与土地利用现状，环境总体影响程度及对生态、资源和重要建设工程及设施的破坏程度，地质灾害的危害程度，矿山地质环境防治与治理的难度，对星武瓷土矿进行了恢复和治理。

实施边坡整治，加强安全监测。星武瓷土矿对矿山及周边的人工边坡实施边坡整治（削放坡、加强监测、修建截排水沟、挡墙等）消除崩塌、滑坡隐患；采用"上截下拦"的方式（修建排水沟等）处理场内堆放的废石，限制形成泥石流的物源；加强采场边坡、周边植被、排土场稳定性及水土流失监测。

星武瓷土矿水土保持生态修复实施前后对比

植树种草，空旷场地实施覆土。星武瓷土矿对露采场平台及底部覆土恢复植被；加快对排土场、工业场地、办公场地及矿山建议公路内废弃建筑物拆除、场地平整、植树种草、覆土等工作。

实施植被复绿工程，做好植被管护。对排土场、矿山公路及辅助设施实行柏草结合种植，对露采场边坡区复绿则采取在边坡平台交会处种葛藤进行复绿；对平台区则直接种柏树及草皮。复绿面积共 23315 平方米，种植柏木数量 5828 株，草皮面积 21848 平方米，综合投入为 36 万元左右。树木植好后，石门楼镇联合星武瓷土矿做好管护工作和抚育工作，同时星武瓷土公司也设置绿化专职管理机构，配备相关管理人员及绿化工人。

 案例点评

矿山生态修复是环境治理的重要方面，是生态文明建设的客观要求。近几十年来，我国的矿产资源被高强度开发，矿山开采一度混乱，造成了对矿山生态环境的破坏。特别是矿山地质环境问题日益加剧，不仅影响经济的发展，还危及社会稳定和人民生命的安全。武宁将矿山环境恢复治理作为一项惠及子孙后代的实事工程、惠民工程来抓，通过综合治理，不仅美化了自然景观、改善生态环境，在生态效益、经济效益、社会效益上达到"三赢"效果。船滩镇坚持不懈对露天矿山进行生态环境整治，采取逐矿编制修复方案，以巡查促推进，确保修复方案落地，创新废渣治理思路等举措，生态修复取得良好成效。石门楼镇星武瓷土矿积极开展矿山水土保持工作，实施边坡整治，加强安全监测，植树种草等，使矿区的生态环境得到有效改善。

二、青山藏宝藏

2019 年 3 月 19 日是《矿产资源法》颁布实施的第 33 个矿法宣传日，宣传主题是"强化生态修复治理，规范矿业开采秩序"，警醒全社会认真贯彻落实国家对矿山开发的要求。武宁开展了全面整治矿产资源开发秩序、矿政管理规范年等相关活动，并采取了一系列行之有效的措施。

明确"四定"管理，严厉打击超层越界违法开采行为。武宁县自然资源局对生产矿山严格按"四定"管理要求，即动态监测定量、合同约定定时、科技手段

定界、现场开采定方式，对12家露天开采的采矿权标识牌、矿区界桩重新全面进行埋设，并对矿界设立了铁丝围栏，有效地遏制了矿山越界开采行为的发生。

制定"四个"全部，全面整治矿产资源开发秩序活动。武宁县政府开展了全面整治矿产资源开发秩序及严打非法采矿行为活动，并成立相关领导小组对采矿设备全部撤离、供电设备全部拆除、矿区入口全部封堵、全部设立禁采标示牌。共关停矿点16处，拆除非法矿点变压器及计量箱16处，拆除临时工棚8间。

注意查、防结合，强化矿山执法巡查力度。为有效遏制矿山非法开采等行为，武宁县自然资源局持续加大了执法巡查力度，对巡查中发现的违法违规行为及时制止，始终保持高压态势，对非法开采行为严格做到发生一起查处一起。近两年来，共下达《责令停止违法行为通知书》50余份，立案查处31起，收缴罚没款800多万元。

通过以上措施的实施，武宁打击矿山非法开采取得良好成效，如鲁溪镇的非煤矿山专项整治，有效保护了非煤矿山资源；泉口镇打击非法"小煤窑"，使煤炭资源得到保护，并且消除了安全隐患；澧溪镇为保护黑瓷土资源，在矿区种植樱花树，使黑瓷土得到有效保护。

案例1 鲁溪镇：非煤矿山专项整治，守护大地"沉睡的资产"

鲁溪镇为了保护非煤矿山资源，加强非煤矿山安全生产工作，切实提高安全生产保障能力，有效地防范各类安全生产事故，联合武宁县国土局对所有非煤矿山企业开展安全生产专项整治工作。

专项整治的重点内容包括：严厉打击无证非法开采、超层越界开采等非法违法行为，维护良好的矿产资源开发秩序，有效地防范和坚决遏制非法采矿造成恶性事故；严厉打击以建代采、以探代采等非法违法生产建设行为，开展联合巡查检查，并接受社会监督举报；严厉打击违规储存和使用火工品等非法违法行为，对高陡边坡下的建设生产活动及临时场地、工棚进行重点整治。

检查组对企业采矿证过期、越界开采等问题当场下发《停业改正通知书》，企业对标自查，全面整改，整改

鲁溪镇烟山煤矿复绿施工中

完成后将对企业逐一检查验收，对整改不到位、不达标的坚决予以关闭。

案例2 泉口镇：打击非法小煤窑，保护"黑金"资源不流失

泉口镇地处赣鄂边界，辖区内有煤矿2座（武宁县煤矿和丰田煤矿），一些不法之徒常常组织人员进山非法开采，小煤窑设备简陋，没有任何保障，存在极大的安全隐患。武宁县曾多次组织力量对这些黑煤窑进行打击整治，自2011年的集中整治后，非法采矿现象一度销声匿迹，但在此后又时有盗采的现象发生。

泉口镇根据市发改委《关于九江市"十三五"后四年化解煤炭过剩产能有关事项的通知》（九发改能源字〔2017〕319号）文件要求，成立了以镇长为组长的煤矿环境整治领导小组，于2018年6月对其进行封停关闭处理。目前，所有矿井口均已封堵，机器拆除。

关闭后每月由煤矿环境整治小组定期巡查2座煤矿，以防非法开采。坚持把动态巡查与突击检查相结合，坚持"发现一处、打击一处，不留盲区、不留死角"的打击原则，进一步加强对矿山的管理和监督，尽量将非法小煤窑消灭在萌芽状态，绝不手软，维护正常的安全生产秩序，保护国家矿产资源和人民群众的生命安全。

案例3 澧溪镇：矿山变成樱花谷，资源保护与农民致富双丰收

澧溪镇的黑瓷土储量丰富，有近百万吨，经常有盗挖、盗采的现象，植被破坏严重，地表地层出现不同程度坑洼、积水。澧溪镇党委、政府对非法开采的黑瓷土矿进行严厉打击，各种矿藏资源实行严格管理。针对非法开采黑瓷土实行补绿原则，联合群众进行农业产业开发，种植了600亩樱花，一方面增加了收益，另一方面实现了全民管护，有效地控制了非法开采现象，使镇内生态环境不断优化，镇村面貌焕然一新。

政府规划引领，坚决保护矿山资源。澧溪镇始终秉承"绿水青山就是金山银山"的总体发展思路，以保护资源、提升生态环境质量为目的，坚持做生态环境的保护者、建设者，让良好生态成为群众生活质量的增长点。

积极利用现有生态资源，加大招商引资工作力度。澧溪镇于2018年9月引进九江北湾樱花产业发展有限公司落户北湾半岛，项目经过一年的建设，让昔日的矿区变身成为景区，不仅成为当地农民经济收入的"活水"，还使生态环境大幅度提升，鹭鸶、秋沙鸭、黑野鸭等候鸟栖息落户，风景如画的最美修河岸线更是吸引大批游客前来旅游观光，将美丽生态转变成了美丽经济。

澧溪镇北湾樱花谷

案例点评

防止矿山非法开采，探索矿产资源可持续发展道路是践行"两山"理论的重要体现，对生态文明建设具有重要意义。武宁通过"四定"管理，"四个"全部，查、防结合等举措，深入开展打击矿山非法开采专项整治行动。鲁溪镇与县国土部联合打击无证非法开采、越界开采、以建代采等违法行为，有效地保护了非煤矿山资源。泉口镇联合县多个部门综合执法，对非法小煤窑进行集中整治，采取爆破、填埋洞口、收缴危险物品等方式，有效地遏制了非法小煤窑死灰复燃，保护了"黑金"资源不流失。澧溪镇为保护黑瓷土，对非法开采黑瓷土实行补绿原则，使矿山变成樱花谷。

三、荒山变金山

习近平总书记指出，发扬中华民族爱树植树护树好传统，需要全国动员、全民动手、全社会共同参与，深入推进大规模国土绿化行动，推动国土绿化不断取得实实在在的成效。武宁为了破解"靠山难以吃山"的困境，大力实施精准造林灭荒，全县动员、全民动员，广泛开展植树造林。实行荒山流转，承包到户，发展林果经济，使荒山变金山。例如，清江乡将乱石山变成花果山，船滩镇把茅山场化身摇钱树，东林乡把荒山坡汇成聚宝盆，实现了荒山的经济效益和生态效益的"双赢"。

案例1 清江乡：乱石山变成花果山

塘里村百果园基地总投资 3000 万元，占地面积近 2000 亩，通过"党建+基地+扶贫"的发展模式，吸纳贫困户入股、务工，带领群众增收致富。现种有葡萄柚 200 亩、柑橘 200 亩、东魁杨梅 500 亩、枇杷 300 亩、覆盆子 500 亩。

党支部引领，贫困户参与。一是由党支部牵头，进行土地流转，从浙江引进果苗，进行种植。二是村党支部充分发挥共产党员先锋模范作用，

杨梅基地

利用党员活动日对杨梅山示范基地定期进行抚育、施肥、打苗等。三是在基地建设取得一定成效后，党支部开始引导村里的贫困户参与其中，组织有劳动能力的贫困户在

枇杷园

基地务工。没有劳动能力的贫困户，帮助其通过小额信贷入股，年底参与基地分红。同时，每年定期组织有意向的贫困户参加杨梅、葡萄等种植培训。

公司经营，合作社规范化管理。党支部以杨梅山基地为支撑，成立了武宁县塘里杨梅种植专业合作社，由党支部书记担任法定代表人及理事长。合作社各项制度、规章齐备，财务规范，为杨梅山基地的长远发展提供坚实的保障，每年基地年收入的 10% 用于扶贫分红，每年可以为贫困户增收 5000 元。

案例 2　船滩镇：茅山场化身摇钱树

辽里村产业扶贫基地位于"十三五"省定贫困村辽里村董家坳，由 400 亩的荒坡地改建而成，主要种植品种为深受市场青睐的中药材覆盆子 120 亩、油茶 180 亩、茶叶 100 亩，另建有 50 千瓦集中光伏电站一个。

辽里覆盆子扶贫产业基地

"四位一体"管理模式，发挥各主体最大效能。一是充分发挥帮扶单位和村"两委"的引领带动作用，大力培育新型农业经营主体，引导农民合作社参与精准扶贫；二是规范运行机制，指导合作社建立健全管理制度，规范成员管理、内部机构设置、财务管理等重要事项；三是提升服务水平，帮助贫困户购买价廉质优的农业生产资料，为贫困户提供技术、信息等各种服务。

"兜底+发展"分配方式，促进乡村振兴。一是把村级产业收入的一部分用于帮扶无劳动能力的特困户，改善他们的生产生活；二是鼓励贫困户参与种植养护工作，发放劳务工资；三是把收入的一部分设置公益性岗位，增加贫困户就业渠道；四是把剩余的收入用于扩大生产规模和发展村集体经济。

"资金筹措+技术指导"，助力基地建设。九江市妇幼保健院拨付帮扶资金 50 万元用于辽里产业扶贫基地建设，且院领导亲自参与基地建设的调研指导。同时，基地还与江西健博农业发展有限公司进行战略合作，聘请专业人员进行技术指导，提高基地产量和效益。

案例3 东林乡：荒山坡汇成聚宝盆

东林乡中药材基地是以覆盆子和吴茱萸种植、初加工、销售为主，花卉苗木种植为辅的村有集体经济发展项目，由东林村、茶畲村、山头村、桥头村共同投资建

设。目前，基地种植面积达800亩（其中，茶畲村中药材基地300亩）。基地按照"一领办三参与"模式，即村干部与能人带头领办和村党员主动参与、村民自愿参与、贫困群众统筹参与，已吸收200户贫困户通过就业、资金入股分红的方式参与合作社运营，提高脱贫"造血"能力。

打造良好的营商环境，吸引企业投资创业。首先，东林乡积极转变政府职能，扩大企业经营自主权。其次，转变政府角色，官员转变为服务员，以社会需要、市场需求为导向，不断创新监管

东林乡中药材基地

和服务。最后，营造良好环境，以政风社风带动良好的营商环境，以实际成效检验提升环境。

合理整合资源，打造完整产业链。东林乡整合东林村、茶畲村、山头村、桥头村的资金和土地资源，共同打造了围绕中药材的种植、初加工、销售为一体的完整产业链。

创新合作社运营模式，提升脱贫"造血"能力。东林乡引导贫困户将自己的承包地、闲置宅基地等资源，通过托管、流转或入股的形式，交由合作社统一经营，由合作社保证资产收益。其次，东林乡用好农村集体资产改制成果，组建集体经济股份合作社，将农村集体资产折股量化到全体村民，实现资源变股权、资金变股金、农民变股民，让贫困户持股分红。

案例点评

实施荒山荒地造林是我国生态环境保护的一项重要措施，是造福子孙后代的一

项大事业，具有长远的生态效益和社会效益。清江乡塘里村百果园集体经济基地，通过党支部引领、公司经营、贫困户参与、合作社规范化管理的发展模式，开荒种果树，把乱石山变成了带领群众致富的花果山。船滩镇辽里产业扶贫基地在发展集体经济的同时，也增加了贫困户的收入；东林乡中药材基地集中药材的种植、加工、销售为一体，按照"一领办三参与"模式，吸纳贫困户就业和入股，实现把荒地、荒山变成群众脱贫的金山、银山。

第五章

保护湖水资源　潮平两岸阔

武宁坚持以习近平新时代生态文明思想为指导，坚决贯彻"共抓大保护、不搞大开发"的方针，致力于山水林田湖草综合治理和系统修复。在水源生态环境治理中，全面贯彻落实党的十八大精神，以"致力绿色崛起、建设幸福武宁"为主线，以增进全社会水福利、提升城市品质为目标，制订出台了《武宁县创建全省水生态文明城市实施方案》，通过实施最严格的水资源管理制度、水生态系统保护与修复工程、各行业节水减污体系建设和现代武宁水文化培育，转变水资源开发利用方式，塑造"潮平两岸阔"的现代人水和谐关系，将武宁建成江西省水生态文明建设示范区。

在水域综合治理方面，对庐山西海累计投资逾8亿元，实施一系列生态保护与修复工程，从库湾清理到九项整治，饮用水源地再到持续深入推进生态和城乡环境综合整治，推动治理由点到线扩面的不断升级，构建了全方位、立体式的保护模式。庐山西海总体水质为最高等级优，位居全国湖泊第二，位居全省所有湖库之首，在全省县界断面水质类别排名中长期保持第一，年均值评价为Ⅰ类，为全省唯一。

在源头污染控制方面。对于工业污染，兴建了工业污水处理厂并配套建设了污水收集管网，对园区内企业污水进行收集并集中处理，一律实行"零排放"。对于农业面源污染，集中式畜禽养殖污染源治理，严格落实禁养区、限养区、可养区规划；极力推广测土配方施肥和高效低毒、低残留农药的应用推广，实现了化肥农药负增长。对于生活污水，在沿湖8个乡镇建设了集镇生活污水处理设施，持续加强污水收集管网完善；实现农村清洁工程全覆盖，重点和整治生活垃圾、生活污水。

在水源地保护方面，建立体系统一、布局合理、功能完善的水生态环境监管网络。推进清洁流域建设，强化重点水源地保护，武宁集中式饮用水源水质达标率100%。

一、加强水域综合治理，湖光潋滟晴方好

庐山西海2/3的水域面积位于武宁县，流域面积大，河道里程长。庐山西海水域作为长江经济带的生态命脉，维系着流域生态安全和经济社会可持续发展的根基，随着长江经济带和"一带一路"倡议的推进，特别是水域经济向纵深发展，平安和谐的水域社会环境是水域经济繁荣的保障。

在湖区，武宁全面落实并升级河长制，编制完成武宁县河湖库名录，实现全流域监管巡查常态化。在城区，依托污水处转理清河行动"，推行"一河一策"综合

治理试点，从水污染防治向流域综合管理厂全面实施雨污分流。在园区，大力发展绿色无污染产业，严禁上马各类污染项目。在农村，完成了农村畜禽养殖规划，划定了禁养区、限养区、可养区，开展畜禽养殖污染专项整治。通过一系列有效措施，武宁的水质得到很大的提升，清净无染的武宁已成为"湖光潋滟晴方好"的向往之地，并入选"中国百佳深呼吸小城"榜，被评为江西省生态旅游示范区。

案例　朝阳湖："龙须沟"的蝶变重生

改革开放以来，武宁随着工业经济的高速增长和区域人口的急剧增加，产生的大量工业废水和生活污水大多未经处理直接排入朝阳湖，造成水体污染严重，"龙须沟"之名由此而来。武宁县委、县政府以科学发展的理念，坚持保护与发展并重，着重开展庐山西海水域的综合整治工作。武宁在主体保护上创新举措，从机制和根本上加强管护。在编制全县旅游发展总体规划的步伐不断加快，大视野整合旅游资源，实现山水联动、景城一体，建成了以县城为核心的西海湾4A级景区，实现了"龙须沟"的重生蝶变。

焕然一新的朝阳湖

库湾清理，提升水质。2008年，武宁从湖水保护出发，着重开展网箱养殖专项清理工作，历时3年，2.5万网箱全部清理到位。库湾养殖中大量投饵、投肥，污染了水质。2011 年，武宁专门成立库湾清理工作领导小组，主要部门牵头，相关部门参与，沿湖各乡镇、工业园区、街道办为主体，按照"谁主管、谁负责"，属地管理的原则，加强督查和跟踪问责，345 座库湾已全部清除。

增殖放流，放鱼养水。政企合力，武宁通过竞拍的方式，将庐山西海 30 余万亩水域的水产养殖交给江西省水投生态资源开发集团有限公司管理和运营，实施"放鱼养水，人放天养"的大水

渔业秩序清理行动

面生态开发养殖模式。自 2016 年以来，进行增殖放流，投放各种规格的鳙鱼、鲢鱼等"水里清道夫"鱼种 149.39 万公斤，放鱼养水精心呵护庐山西海。

禁港休渔，全面禁捕。2015 年底，江西省水投生态资源开发集团有限公司对庐山西海持续开展九项整治，在湖区开展渔业专项秩序治理，实行禁港休渔，严禁电鱼、炸鱼，严禁用药钓鱼，严禁用粪肥、化肥养鱼，巩固网箱、库湾清理成果。

渔业秩序清理行动

禁港期间，全天候 24 小时巡查。3 年累计投入资金 1500 万元，协助渔政、水上公安打击偷捕、电捕、非法垂钓等违法行为近 200 起，收缴非法捕鱼工具 200 余件，拖网、收网 2300 余条。

让利于民，惠民为要。武宁县采取入股、就业和渔船网具收购等方式安置渔民。渔民入股，按照现有渔民为基数，每人缴纳股金 1 万元，合计占武宁渔业公司 8% 的股份，视为股权转让方代持的股份，按照武宁渔业公司实际经营状况按股共负盈亏。渔民就业，依据渔民自愿的原则，一次性吸收有就业意向的渔民到江西省水投生态资源开发有限公司就业，稳定

渔民收入。渔船网具收购，按照自愿原则，由渔业公司收购，鼓励渔民转产转业。全县 490 名渔民，除自然转产转业 130 人外，已安置 341 名渔民到公司就业，捕鱼人变成护鱼人。

 **案例点评**

水环境综合治理工作一直是备受关注的民生问题，也是武宁推进生态文明建设的重点之一。武宁高度重视水环境综合治理工作，坚持"绿水青山就是金山银山"的发展理念，牢固树立生态环境保护底线思维，实现"河畅、水清、岸绿、景美"的生态河流目标，给居民创造一个优美的居住环境。水生态修复和保护是一项系统工程，武宁通过科学制订流域水生态保护与修复规划方案，健全水资源及水生态保护体系。采取库湾清理、放鱼养水、禁港休渔等多种方式进行庐山西海流域水生态环境综合治理，提升了水质，实现"龙须沟"的重生蝶变。水域综合治理同时关注民生，稳定居民就业，增加收入，最终实现人水和谐。

二、严控源头污染，清泉不尽滚滚来

正本清源，管住排污源头，是治污之本。武宁为严控工业污水污染、畜禽养殖污染、农业面源污染等污染源头，全力服务经济社会绿色发展，成立了开展河湖流域水资源专项治理领导小组、城市污水管网专项整治领导小组、畜禽养殖污染专项治理工作领导小组等 9 个治理工作领导小组并出台相关实施方案，力求从源头上杜绝水资源污染，加大全方位的保护力度，让一城居民享有不尽清流。

在农村面源污染控制方面，武宁严格执行养殖业"三区"范围，开展畜禽养殖污染专项整治，累计关停或搬迁养殖场 39 个、规范整改养殖场 61 个；稳步推进农药化肥减量行动，2018 年全县推广高效低毒、低残留农药应用面积 31.7 万亩、生物农业 10.88 万亩，绿色植保核心示范区 1.312 万亩，农药利用率上升至 41%。城乡生活污水控制方面，武宁大力实施雨污分流工程，投入 5500 万元建成生活污水处理厂，全面改造和新建污水管网 81 公里，污水提升泵站 3 个，污水处理率提高到 90% 以上。例如，鲁溪镇推进垃圾无害化处理模式，清洁工程全覆盖，实现"垃圾不落地，污水不入河"。在工业污水控制方面，武宁投入 6000 万元建成了日处理能力 1 万吨的工业污水处理厂，企业全部达标排放，凡是现有企业环保不达标的一律关停整改，先后关停了50余家不符合环保要求的企业。如船滩镇在控制石材加工企业的工业污水卓有成效。

案例1　鲁溪镇：垃圾不落地，污水不入河

2018年，鲁溪镇按照"整洁美丽、和谐宜居"行动要求，对照"拆、改、清、洁、绿、新"标准，统筹农村生活垃圾处理、农村清洁工程、环境保护，开展综合环境大整治，以垃圾不落地、污水不入河为目标，构建秀美鲁溪，加快乡村振兴步伐。

在农村环境整治方面，2018年，鲁溪镇以集镇和316国道沿线为重点，向全镇铺开集中开展环境整治，共拆除破旧猪牛栏舍旱厕962间，共计53563平方米；清理卫生死角4463处，共计978吨；清理乱堆乱放759处；新改建下水道34处；清理僵尸车17辆；绿化种树种草32700平方米；坟墓遮挡绿化290处，绿化面积5220平方米，整治沿线及纵深环境30公里，镇村面貌焕然一新。

在农村水利设施建设方面，一是鲁溪镇积极推进污水处理厂建设，集镇污水处理厂及管网工程已完成污水主管网铺设，共计9.1公里、支管网2公里，日处理污水能力近500吨，真正做到污水不入河。二是进一步完善农田水利，先后完成小型农田水利设施建设，其中完成3座山塘整治；完善防汛抗旱应急设施建设；完成农

鲁溪镇污水处理厂鸟瞰

村饮水安全工程建设；完成 3 座小（一）型、6 座小（二）型水库和全镇 15 座重点山塘的除险加固；全面升级改造集镇污水管网、全面接管自来水厂并升级投入使用，切实控制了生活污水的排放，解决 1 万多群众饮水难的问题。

案例 2　船滩镇：工业污水源头治，一河清水永长流

船滩镇位于武宁县城的西北，是矿业大镇。镇内矿产资源丰富，主要有大理石、花岗岩、铜多金属矿等。特别是大理石产业发达，有 28 家大理石企业，年产大理石方料 5 万余立方米、板材 80 余万平方米。船滩镇按照县委提出的着力构建"五大生态"，全力打造"三个示范"，坚持"绿水青山就是金山银山"理念，积极开展大理石加工企业专项整治，做好石材行业环境污染源头综合整治工作，要求各企业进一步完善污染防治设施，保证一河清水远远长流，致力建设生态美镇、经济强镇、文化名镇、和谐新镇。

规划建设大理石循环经济产业园。2018 年 5 月 20 日，船滩镇启动大理石循环经济产业园，该产业园是集开采、加工、批发、销售为一体的大型专业石材产业集散中心。园区总规划面积 800 亩，总投资约 20 亿元。全部建成后，可入驻 30 家大理石加工及其配套企业，带动就业 2000 余人，预计年产值可达 4 亿元，年生产加工大理石板材 600 万平方米。船滩镇计划将大理石循环经济产业园打造成赣西北地区辐射规模最大、档次最高、产品最全的现代化、集约化、生态化示范园区。

新置环保处理设备。在船滩镇政府的协调下，县政府重点扶持的石材龙头企业和合兴石材有限公司，订购了一台 100 多万元的替代沉淀池的成套环保污泥处理设备，减少了污水及石浆的产生，而沉淀池又将污水净化循环利用，积淀的污泥被专业清理人员拖运集中填埋，船滩镇的另外 3 个小厂整合组建成了武宁荣鑫石材有限公司，与和合兴石材一样也实现了"零排放"。

引进先进技术项目。船滩镇各石材企业已配套建有污水处理罐 17 个、污泥压滤机 12 台、污水处理池 12 个。同时为有效解决各企业产生的压滤污泥，船滩镇积极引进加气混凝砖项目。各企业已动工建设，投入生产后船滩石材企业产生的污泥将全部得到综合利用。

 案例点评

武宁严控污染源头，从工业污水、农业面源污染、生活污水三方面采取控制措

施。鲁溪镇紧紧围绕城乡环境综合整治工作部署，针对辖区重点、难点问题，按照县委、政府"拆、改、清、洁、绿、新"的工作部署安排，持续发力，高效整治镇村环境。船滩镇是矿业大镇，积极开展大理石加工企业专项整治，做好石材行业环境污染综合整治工作，在工业污水上严格把控。污染源头控制成效显著，有效地改善庐山西海的水质，而且对促进沿湖乡镇经济可持续发展、提高当地居民生活质量具有十分重要的意义。

三、清洁水源胜地，一泓碧波润万物

深入学习贯彻习近平总书记关于长江经济带"共抓大保护、不搞大开发"的重要指示精神和党中央、国务院重要决策部署，2017年，环境保护部召开长江经济带饮用水水源地环境保护执法专项行动视频会，决定持续推进沿江11省市饮用水水源地环保执法专项行动。武宁对专项行动高度重视，秉承清水源头能润万物的生态理念，多次研究部署饮用水水源地环保排查整治工作，推动各乡镇加快解决影响饮水安全的突出问题。出台的《武宁县创建全省水生态文明城市实施方案》明确指出，要实施城市饮用水水源地防护与综合整治工程，在保护区设置隔离防护措施、设置各类标志牌、界牌和界桩、污染治理措施、饮用水水源地环境应急能力和预警监控建设。武宁县城饮用水水源地自动监控系统已投入试运行，编制完成11个乡镇饮用水水源地保护区划分方案。

案例　柘林水库：抓好水源地保护，为绿色发展注入源头活水

柘林湖，即柘林水库，因地处庐山西侧，也被称为庐山西海。柘林湖是江西省仅次于鄱阳湖的第二大湖泊，也是鄱阳湖水系的主要支流和重要屏障。柘林湖80%位于武宁境内，既是武宁的重要水源，也是南昌九江备用水源地。为确保饮用水水源地水质达标率100%，武宁强化水源地保护，致力为绿色发展注入源头活水。

争资争项，强化资金保障。自2012年以来，武宁县为柘林湖先后共争取各类资金近2.55亿元：其中争取中央湖泊资金6284.6万元，先后实施了一系列有利于柘林湖湖泊保护的项目；争取农村水环境污染治理整县推进示范项目资金1300万元；争取城区生活污水和工业污水处理设施及配套污水管网建设资金1.2亿元；争取垃圾处理资金429.2万元；争取小河流域治理等方面资金5461.5万元。

庐山西海一景

　　形成部门联动，开展联合执法。武宁县环保局、建设局、自来水公司等部门联合行动机制，定期开展联合检查，全力推进水源地达标建设；全面开展饮用水源地Ⅰ级、Ⅱ级保护区环境隐患排查，结合环保专项执法行动，严防饮用水水源地保护区内已取缔的排污口反弹，杜绝污染隐患；完善预警机制，制定水源地保护应急预案，完善组织指挥体系，确保发生突发事件时指挥有度、措施得力，同时在现有环境监测站的监测能力基础上，建设完成集中式饮用水水源自动监测系统，形成全天候实时监测的饮用水源、水环境质量监控体系。

　　加强机制创新，推进长效机制建设。一是建立管护体系，实施河长制，设立河道保洁监督岗，建立最严格的河湖管理制度，构建全方位、立体式三级管护体系，强化行政监管与执法。二是建立健全监督机制，充分发挥人大、政协、媒体、公众的监督作用，实行定期的工作报告制度、落实督查制度和论功行赏制度。三是完善考核机制，建立生态文明建设考核评价体系，完善目标管理考评制度，实行政绩督查制和行政问责制。

江西省省级河长负责河流河长公示牌

修河武宁段河流简介：修河武宁段上游与修水县太阳升镇交界，于太阳升镇港口与武宁县船滩镇河潭村交界处入武宁。于澧溪镇境内汇入柘林水库库区，至杨洲乡界牌村入永修县。修河武宁段上至船滩镇河潭村，下至杨洲乡界牌村，沿岸途径清江、澧溪、石渡、甫田、宋溪、新宁镇、罗坪、官莲、巾口、杨洲等乡镇。修河武宁段河道总长114.6公里。

省级河长：刘卫平（省政协副主席）
市级河长：谢一平（市长）
县级河长：李广松（县长）
河长职责：负责牵头推进河湖突出问题整治、水污染综合防治、河湖巡查保洁、河湖生态修复和河湖保护管理，协调解决实际问题，检查监督下级河长和相关部门履行职责。
目标：河道范围内污水无直排、水域无障碍、堤岸无损毁、河道无淤积、河面无垃圾、绿化无破坏、沿岸无违建。
举报电话：0791-88825835（省河长办）0792-8582612（市河长办）
　　　　　　　0792-2899239（县河长办）

武宁县河湖流域分布图

九江市河长办公室　制

河长制公示牌

案例点评

　　生态文明建设关系人民福祉，关乎永续发展。在各届县委、县政府的正确领导和上级环保部门的关心支持下，武宁环境保护工作从无到有、从小到大、从弱到强。多年来，一直践行"绿水青山就是金山银山"理念，以改善环境质量为核心，多措并举守牢生态底线，加强水源地保护，促进生态文明建设。柘林湖是武宁县城唯一集中式饮用水水源地。由于地理位置特殊，保护区内农业面源污染防治、流动污染源控制任务艰巨。为了解决保护区居民日常污水处理问题，武宁为柘林湖争取各项资金，开展部门联合执法，建立长效机制。不仅有效地保护柘林湖水质，更稳步地提升人居环境，保障居民饮水安全。如今，"绿水青山就是金山银山"的观念已深入人心，加强水源地保护，是武宁生态文明建设的重要举措。

第六章

保护林草资源　绿树村边合

　　习近平总书记强调森林草原是陆地生态的主体，是国家、民族最大的生存资本，是人类生存的根基。关系生存安全、淡水安全、国土安全、物种安全、气候安全和国家外交大局，必须从中华民族历史发展的高度来看待这个问题。保护森林和生态是建设生态文明的根基，深化生态文明体制改革，健全林草与生态保护制度是其首要任务。

　　武宁在加快推进林草现代化建设进程中，积极创新资源保护机制，首次提出林长制、"一员两长制"、林权制改革，县、乡、村协同发展，统筹推进森林资源的保护，使绿水青山产生巨大的生态效益、经济效益、社会效益。武宁不仅关注狭义森林树木的保护，还在特殊森林—古树名木以及广义的森林—整个森林生态系统的保护上下足功夫，同时也重视草地的保护。首先，从提升森林品质出发，重点抓好低产林改造，全面提升林地产出率和森林生态系统服务功能，主要是从生态林场和苗圃开始做起。其次，重视作为特殊森林古树名木的保护，完善古树名木的建档挂牌工作，推动古树珍贵化。对全县 76 个古树群落和 950 株散生古树全部量身定制二维码标识牌，实行网络身份证管理和党员挂牌保护。再次，强化对整个野生动植物资源的保护，着力构建健康优质的森林生态系统，保护生物多样性，如伊山自然保护区。最后，加大对草地的保护，使草地实现银行化，而武宁的"草地银行"便是中草药，保护发展中草药实现"人在家中睡，钱在山上长"，如石门楼镇的中草药种植基地。依托良好的森林资源，武宁大力发展"林草+旅游"新兴业态以及林下经济产业。2018 年，实现森林旅游接待 400 万人次，实现旅游收入 38 亿元，产生林下经济效益 8 亿元，不仅更好地保留了森林的生态价值也进一步实现了经济价值、社会价值的转换。

　　通过不懈努力，武宁的林草生态得到进一步的改善，森林覆盖率稳定在 74%，位于九江市第一。森林资源实现了"一减少三增加"，森林破坏案件减少了 32%；封育面积达 345 万亩，占林地总面积的 83.9%，林地面积增加了 6.3 万亩，达到 411.3 万亩；森林覆盖率增加了 3.39 个百分点，达到了 75.49%；森林蓄积量增加了 260.9 万立方米，达到了 1720.9 万立方米。武宁先后获得全国集体林权制度改革先进典型县、全国森林旅游示范县、国家森林城市、全国绿化模范县、全国生态文明建设典型示范县、全国生态保护与建设示范区、国家级生态示范区、国家园林县城称号。

一、推进森林品质化

武宁依托丰富的山水资源和良好的生态环境,紧紧围绕"始终坚持生态立县,全面推进绿色崛起"的发展理念,不断在绿色上下功夫。通过不断的抚育改造、补植补造、更新改造,为保护和培育森林资源、改善森林质量和生态环境、实现森林面积和蓄积双增长做出巨大贡献。为了使森林品质得到有效提升,首先是大力实施低产低效林改造工程,特别是对生态林的增效提质。从 2016 年起,武宁每年改造 1 万亩,利用 5 年时间全面完成低产、低效林改造。其次是大力开展"四化"建设,对武宁县境内 220 国道和 305 省道沿线山场实施绿化、美化、彩化、珍贵化建设,打造了两条共计 140 公里的美丽乡村示范风景线。最后是严把幼苗质量关,从源头上遏制低产、低效林,桐林苗圃作为林业局的下属苗圃基地,讨论其所作所为具有一定的代表性。

案例 1　杨洲乡九一四林场:昔日伐木工,今日护林员

九一四林场位于杨洲乡南坪村,拥有林地面积 3.6 万亩(生态公益林面积 2.1 万亩、商品林面积 1.5 万亩),是武宁最早建立的林业生产基地之一。九一四林场通过国有林场改革,由原来经营性林场转变为公益型林场,单位性质由企业变为事业,林场职工由过去的采伐工变成现在的护林员。林场始终把森林资源的保护作为自己的第一要务,经过一系列的措施手段,森林面积、森林储积量、森林覆盖率、森林碳储量实现了四增长。同时,林场紧紧依托丰富的森林资源和众多的自然景观,不断完善林区内的基础设施,大力发展森林休闲旅游,每年接待游客 20 多万人次,走出一条生态、经济双丰收的道路。

护林员在林间巡查

激励机制强化营林队伍建设。一是加大护林员的物质激励，职工工资收入翻番，养老保险和医疗保险全覆盖；二是加大精神激励，对于表现优秀的护林人员也能使其优秀个人事迹作为典型案例在全省、全国范围内推广学习，成为"名人"。梅香福作为一名普通的护林员当选了"江西好人"。

创新森林资源监测管理手段。在森林防治手段方面，应用太阳能自动虫情测报灯设备并采用频振诱控技术，对马尾松毛虫等林业有害生物进行监测；在强化监管手段方面，建立"互联网+"森林资源实时监控网络系统，安装了10个森林资源视频监控点，实现森林资源实时监控全覆盖。

实行最严格的禁伐政策。九一四林场严格执行"禁伐二十年，呵护原生态"的总体要求，实现了对除经济林、毛竹林以外其余林地的封育全覆盖，严厉打击盗伐林木，无序砍树等行为。

案例2　桐林苗圃：提高育林质量从苗木娃娃抓起

为了提高林分质量，改善林分结构，全面提升森林生态功能、社会效益，调整树种组成，促进林木生长，科学培育优质丰产高效森林资源，使森林资源可持续发展，桐林苗圃一直积极地进行低效林改造。桐林苗圃基地作为武宁造林绿化定点苗木供应基地，主要为全县造林绿化定点提供合格苗木，经过多年发展，积累了丰富的苗圃技术和经验。2014年被列为省保障性苗圃、造林骨干示范基地、油茶定点育苗单位，共计进行低效林抚育、补植补造2200余亩。

严把检疫大关，保证造林质量。桐林苗圃为确保"森林城乡、绿色通道"工程建设用苗安全以及育林质量，采取了严格的监管措施。一是严格落实武宁县《关于加快我县林业改革发展推进生态文明建设的实施意见》的文件要求，提高良种使用率；二是积极配合武宁县林检站的工作，对基地的苗圃开展产地检疫，对从外地调入武宁县的苗木严格进行"安全检查"，登记苗木的来源和去向。

桐林苗圃油茶育苗基地

引进"良法良种"，确保苗木质量。桐林苗圃基地从外省聘请60余名专业技术人员进行嫁接栽培，并长期聘用两名具有多年丰富育苗技术经验的资质人员进行指导。采用良种良法培育高效油茶苗20余亩180万株，可满足1.5万余亩新种油茶种苗要求。

遵守规章流程，改善林分条件。桐林苗圃严格按照低效林改造技术规程和规划设计，对林分中妨碍树木生长的灌木、腾条、杂草以及林分中风折、冰冻、雪压、病虫害、枯立、濒死等林木进行全面清除。在林分较稀或林中空地上按要求标准进行补植，补植苗木每亩不少于30株，成活率保证在95%以上。

案例点评

随着环境污染现象的加重，人们对森林资源的需求达到前所未有的高度，而森林覆盖率的提升可带动森林碳储量的增加，能够涵养水土、缓解空气污染、水污染等。九一四生态林场实行禁伐、运用高科技手段对森林进行监测以及加强营林队伍的建设也代表了武宁县大多数国营林场、公益林场在森林保护方面采取的措施，加强对生态林场的保护提高了森林储积量，也推动了森林旅游业的发展，切实提高了林农收入，进一步提升森林质量和提高林地使用效率，优化生态资源结构。桐林苗圃不断积极引进、学习良种良法、严格按照相关标准和规划强化苗木质量，最重要的是加强对苗圃基地以及外来苗木的检疫工作，从源头上保障了森林品质。森林质量的提高在利用森林生态功能的基础上加大了森林经济价值的利用，是生动践行习近平总书记"两山"理论的典型案例。

二、推进古树珍贵化

古树名木被称为活文物、活化石，是自然界和前人留下来的珍贵遗产，具有重要的生态、经济、科学、历史和文化价值。加强古树名木保护，对于传承悠久历史、弘扬民族精神、发展森林文化、推进林业发展、建设生态文明和美丽中国具有重要的现实意义。为深入贯彻落实党的十八大关于建设生态文明的战略决策，不断挖掘古树名木的深层价值，充分发挥其独特的时代作用。武宁把古树名木作为大自然珍贵的馈赠。首先，2015年对全县范围内的古树名木进行了普查，积极对普查出的散生古树981棵（各乡镇均有分布）和80个古树群全部量身定制二维码标识牌，实行网络身份证管理和党员挂牌保护；其次，武宁认真执行《江西省古树名木保护条例》，实施名木古树的核实登记病危古树救护制度，由财政拨专款、林业局专业人员对古树进行了养护和修复；最后，鼓励个人义务领护古树名木，指定专人对古树群进行养护管理，不断加强对古树名木的保护力度。

案例　罗坪镇千年红豆杉：认领计划让古树有了"保姆"

罗坪镇长水村位居九岭山脉武陵岩下，境内有 1000 多亩的原始森林，森林覆盖率高达 97%，是一个典型的林区村。这里生长着 20 余万棵被世界公认濒临灭绝的天然珍稀抗癌植物——红豆杉，其中有 17 棵较大的千年南方红豆杉。如今千年红豆杉已成为罗坪镇的一张文化名片，既提高了罗坪镇的知名度，也带动了当地的经济发展。长水村先后获得全国生态文化村、国家级生态村、全国绿色小康示范村、全国生态示范村、中国美丽悠闲乡村、全国集体林权制度改革先进集体、江西省文明村镇以及江西省十大和谐村庄等荣誉称号。

长水村千年红豆杉群

多业融合促发展。长水村充分发掘古树名木的文化、生态、旅游功能，把古树保护与新农村建设、当地历史文化和风俗习惯相结合，因地制宜地打造古树名木休闲娱乐、健康养生的农家饭庄和主题公园。全村农家乐已发展到近 20 家，累计接

红豆杉果

待游客 7.8 万人次，旅游综合收入 450 万元；建立了江西省第一个红豆杉盆景培育种植基地和 50 多亩野外种植繁育基地，并成立了武宁长水长寿红豆杉培育种植专业合作社，让红豆杉从贵族树变为百姓树。

认领计划促共赢。罗坪镇政府与恒通银行共同提出"认领红豆杉"计划，通过志愿者、公益人士捐资认养红豆杉，贫困户代为养护被认领的红豆杉并领取工资报酬的模式，促成更多的扶贫公益林出现；长水村村委给认领者颁发荣誉村民证书，给予旅游观光方面优惠，并挂牌刻碑铭记，同时用募集的扶贫基金为有能力的贫困户发展林下经济提供支持和帮助，实现保护古树名木和帮扶贫困户脱贫致富双赢目标。

全面普查家底，一树一牌明确保护责任。罗坪镇对全镇范围内的古树名木进行了摸底普查，并统一对古树名木实行登记、编号、造册、定级，编户籍建档案进行挂牌保护，确保每棵古树都有一名共产党员专门保护。"树牌"的信息主要涵盖树种、树的等级、树龄、责任人等。除了明确责任人外，罗坪镇政府还在长水村聘请当地村民日常巡查古树病虫害情况以及清理古树的枯枝落叶。

红豆杉树牌

宣传教育共同保护红豆杉。罗坪镇政府不断向附近的村民介绍关于红豆杉的知识并普及相关法律，建立了古树保护岗，以村规民约、护林公约、长水村歌为引导，将精神文明因素种在长水人心里。同时，严格落实武宁《古树名木保护管理办法》，完善保护措施，逐步建立了古树名木定期管护与日常养护相结合的跟踪管理机制。

案例点评

　　古树名木是活文物，历史的见证，是国家的宝贵财富，保护古树名木对生态文明建设具有积极作用。武宁拥有众多千年红豆杉实属珍贵，上至县政府下至罗坪镇、长水村以及各村民都心系于对古树的保护。通过发动广大群众实名认领古树，为古树名木进行登记造册挂牌建档，积极向村民宣传红豆杉保护的重要性以及普及古树保护的法律法规，来推动公众踊跃参与到保护事业当中。运用公众的力量来保护古树生长环境，为罗坪镇打造一张文化名片，带动森林旅游业的发展，为长水村消除贫困做出极大贡献，有效地实现了生态产品的价值转换。

三、推进生物多样化

　　习近平总书记强调生态环境系统是一个复杂庞大、各元素相互交织的整体系统，往往牵一发而动全身。只有打通彼此间的关节与经脉，通盘考虑、整体谋划，生态文明建设才能真正做到全方位。加强生物多样性保护，是生态文明建设的重要内容，是推动高质量发展的重要抓手。武宁在生物多样性保护方面，首先是加强立法和监督工作，发布了为期 5 年的《武宁县人民政府关于发布野生动物禁猎区和禁猎期的通告》，林业局出台了《武宁县林业局关于印发〈关于在全县范围内开展野生动物和湿地保护专项整治行动工作方案〉的通知》（武林字〔2018〕42 号）、《武宁县林业局关于印发〈关于在全县范围内开展全县湿地和候鸟保护专项行动方案〉的紧急通知》（武林字〔2018〕50 号）、《武宁县林业局关于加强野生动物保护管理打击非法猎捕利用野生动物违法犯罪活动的通知》（武林字〔2019〕10 号），严厉打击破坏野生动物资源违法犯罪行为。加强动植物资源利用准入管理，对经营性野生动植物资源行为做到定期督查、定点管理。其次是加强宣传，引导公众参与。开展多种形式的野生动植物保护宣传教育活动，引导公众积极参与野生动植物保护。强化信息公开和舆论监督，提高公众参与意识，积极引导群众参与，完善公众参与机制。最后是实行就地保护，建立伊山省级自然保护区和安乐林场等 5 个县级自然保护区，把包含保护对象在内的一定面积的陆地或水体划分出来，进行保护和管理。

案例　伊山自然保护区：白颈长尾雉的天堂，百鸟朝凤琴瑟和鸣

伊山自然保护区位于幕阜山腹地，有优越的自然生态环境，山势高峻，峰峦起伏，植被丰富，多为常绿与落叶阔叶混交林。境内有国家一级保护动植物，如白颈

伊山自然保护区景色

长尾雉、穿山甲、大灵猫、周鸟、白鹇、红豆杉等。伊山自然保护区是武宁县重点林区之一，林地面积达 145990 余亩、其中有林面积 14990 亩，荒山 1000 余亩，有林面积占总面积的 95% 以上，活立木总蓄积量 376000 余立方米，平均每亩近 3 立方米以上。通过武宁县对伊山自然保护区一系列的管护手段，濒危动植物数量大量恢复，生态破坏事件明显减少，并且带动了当地经济的发展，取得了良好的生态效益和经济效益。

　　整体性保护让森林资源"活起来"。2009 年武宁县人民政府正式批复建立伊山野生动植物县级保护区，2011 年伊山自然保护区成为省级自然保护区。已建成保护站 2 个，分别是伊山保护站（300 平方米）和林通寺保护站（150

伊山白颈长尾雉

平方米），保护区现有 12 名工作人员，包括管理局工作人员 6 人及林业工作站人员 6 人。同时，保护区所在的 3 个行政村已订立生态保护村规民约，成立了生态保护工作组。保护区于 2015 年开展确界立标工作，保护区已设置界碑 1 个、标示牌 1 个、界桩 30 个。

生态规划为多样性保护保驾护航。2009 年武宁县委托江西省林业科学院野生动植物保护研究所对保护区进行了综合科学考察，编制了《江西伊山自然保护区科学考察报告》、《江西伊山自然保护区总体规划（2009~2018 年)》；此外，江西伊山自然保护区管理局邀请江西师范大学地理与环境学院组织编制了《江西伊山自然保护区总体规划（2019~2028 年)》。

宣传教育推动全民参与。武宁县政府和宋溪镇政府加大财政支持，对农机人员进行专业性培训和政策宣传活动，对村民进行宣传教育。例如，农技员潘际银与伊山村村支书张吉华推动伊山村、堰下、天平联合制定生态保护村规民约；村民们自发成立了生态环境保护巡逻队、护渔队，成立推进伊山保护区动植物保护和经济社会发展的伊山桑梓联谊会等，为伊山发展献计献策。

 案例点评

习近平总书记提出生态环境具有系统性，环境保护不能"头疼医头"、"脚痛医脚"，环境治理体制机制建设更是一项系统工程，更不能"九龙治水"、"既是运动员又当裁判员"。伊山拥有极其珍贵的白颈长尾雉和大量的珍稀植物，武宁立足于伊山村的本地特色，对野生珍稀动植物实行就地保护、编制完整的规划、加大财力、物力支持，积极树立并发挥榜样典型的作用推动村民主动参与动植物保护使整个森林生态系统、濒危动植物等都得到了有效恢复，对森林安全具有重要意义，不仅如此，也带动了周边地区的经济发展，帮助了附近村民脱贫增收。

四、推进草地银行化

武宁中药材种植历史悠久，资源丰富，是发展中药材产业的天然基地。经统计，全县共有药用植物 1921 种。有适合中药材生长的条件，气候温和湿润，雨水充沛，拥有以药用植物为主体的传统药物历史悠久，并且也有采集和种植中药材的历史。国内外市场对中药材的需求有所增加，世界各地以中药材为原料的保健滋补品、化妆品、香料等消费市场逐年扩大。所以在江西省政府把以中药为主导的生物医药产业作为六大支柱产业之一加以重点扶持的背景下，武宁大力推进省级生物医药产业园、全国药用胶囊生产基地、中国中医药养生城，配套建设高端研发中心和配套中药种植基地，使草地银行化，其中石门楼镇就作为重要种植的典型基地。从资金、人才、政策上给予最大的支持，为武宁中药材产业发展创造了良好的外部条件。

案例 石门楼镇中草药种植："人在家中睡，钱在山上长"

石门楼镇地处九岭山腹地，多为山地，土壤带沙性，气候、土壤非常适合各类中草药的生长，且草药品质优良。九岭山物种丰富，野生中草药材漫山遍野，据统计，可入药的植物共有3600多种，其中不乏不少名贵药材，如人参、石斛、灵芝、天麻、红豆杉、何首乌等。石门楼镇原建有厚朴药场2000余亩，在2016~2018年继续种植厚朴500亩，年产3万公斤以上，种植杜仲100亩，年产1万公斤以上。除了种植草本类中药材，还种植木本类药材，石门楼镇青岭村因地制宜，在本村种植白芨2亩、千叶一枝花1亩、黄精1亩、吴茱萸4亩、青钱柳2亩等木本类中草药。相对草本中草药，木本类中草药更不受当年市场行情影响，如遇行情不佳，农民当年就不挖掘草药，等待下一年行情，木本草药多长一年价值反而更高，所以村民可以"人在家中睡，钱在山上长"。

政府扶持公司参与的销售模式。石门楼镇白桥村多山地，镇政府便带着江西省医药公司技术人员来到此地，进行土壤检测，发现适合种植厚朴。于是当地政府给予资金扶持而医药公司给予技术帮扶，种植1400多亩厚朴，并带动周围村庄大量种植，总价值超过2000万元。政府基于信息的灵通性，针对市场需求变化指导农民的种植品种选择和种植结构，同时建立中草药收储制度，调节市场供需。

"采药+种药+互联网"销售模式。当地村民在九岭山中种植了近100亩的天麻、五加皮等名贵中草药并以采药为生。部分中草药爱好者成立中药励进会，在网上推荐九岭山的中草药，通过上山采药网络销售，把药材卖到全国各地，村民平均每月收入1万多元。

案例点评

对于生态环境的贡献不仅在与能够美化环境，而且可以改良土壤条件，还能防风固沙防止水土流失以及减少面源污染。武宁虽然没有大片草原，但是通过扶持发展中草药产业，已形成大片草地。石门楼镇以其优越的自然条件种植近万亩中草药，同时也采摘野生草药，并运用"互联网+技术"进行销售，提高了药材的销售量，增加了居民的收入。政府在发展中草药产业中功不可没，提供发展方向，并且寻求大公司的合作，改变原有传统的农业种植。建立中草药收储制度，有效地防止"药贱伤农"。而成片的中草药有效地防止了水土流失，增加了防风固沙的能力，更是带动了村民发家致富。

第七章

保护农田资源　十里稻花香

耕地是人类赖以生存和发展的基础，保护耕地是生态文明建设的重要一环。2015 年 5 月，习近平总书记对耕地保护工作作出重要指示，耕地是我国最为宝贵的资源。我国人多地少的基本国情决定了我们必须把关系十几亿人吃饭大事的耕地保护好，绝不能有闪失。要实行最严格的耕地保护制度，依法依规做好耕地占补平衡，规范有序地推进农村土地流转，像保护大熊猫一样保护耕地。

武宁以党的十九大报告精神为引领，严守耕地红线，规范土地管理，稳定和扩大耕地面积，维持和提高耕地的物质生产能力，预防和治理耕地的环境污染，保证土地得以永续合理使用，稳定农业基础地位和促进国民经济发展，为经济社会发展提供支撑。为落实最严格的耕地保护制度，武宁从以下三方面做出了努力：一是认真做好土地流转工作，让抛荒田地"活"起来。本着自愿、有偿、平等协商的原则，积极协调鼓励农民依法有序地进行土地流转，以发展升级理念，因地制宜培育壮大与生态环境相辅相成、相得益彰的现代产业，探索出一条现代农业发展新路。二是对受污染的田地进行修复与防治，让产品"绿'起来。主要从耕地重金属污染修复行动、推进城乡垃圾无害化、减量化、资源化处理、加强农村土壤污染物源头综合治理三方面统一协调解决土壤重金属和农药、化肥污染。三是严守耕地红线，保障耕地数量和质量，让效益"高"起来。通过土地开发整理建设，努力增加有效耕地面积；实施高标准农田建设，提升耕地质量，构建数量、质量、生态三位一体的耕地保护新格局。

为了有效地遏制耕地抛荒发展势头，积极进行土地流转项目，近三年来流转土地 30 多万亩，据武宁县统计调查，全县 20 个乡（镇）、工业园区抛荒耕地共计 1.97 万亩，其中水田抛荒 0.95 万亩，为防止耕地抛荒，抛荒土地流转工作仍在推进。已完成落实永久基本农田红线，划定永久性基本农田面积 24505.75 公顷，比上级规划下达的基本农田保护面积 24360.92 公顷多划入 144.83 公顷。

一、让土地"活"起来

习近平总书记强调，土地流转和多种形式规模经营，是发展现代农业的必由之路，也是农村改革的基本方向。随着城镇化的发展，农村外出务工的农民不断增多，农村里有限的耕地或撂荒或被占用，土地抛荒现象尤为严重。武宁一些相对偏远、交通不太便利的自然村庄随着村民的外迁，许多农田也开始抛荒。如何让土地再"生金",让绿水青山带来金山银山,让有能力从事农业生产的大户、龙头企业有地可种,武宁积极协调鼓励农民进行土地流转,盘活抛荒的闲置农田。在国务院颁布的《关于深化改革严格土地管理的决定》中明确提到可以通过转包、转让、入股、合作、租赁、互换等方式出让经营权,鼓励农民将承包地向专业大户、合作社等流转,盘活土地,发展农业规模经营。武宁主要是从四个方面来推进各乡镇的土地流转,让土地"活"起来:一是发挥各级政府的引领和中介作用。各级政府的正确指导是促进武宁土地流转的首要前提。二是调动三大经营主体的引领带动作用。龙头企业、合作社、专业大户三大农业经营主体的引领带动是促进土地规模流转的发展基础。三是高标准选择产业项目。选准产业项目是促进土地流转的根本保障。如杨洲乡千亩红心猕猴桃基地盘活抛荒田地,发展生态农业。四是完善配套项目激发乘数效应。配套项目建设是促进土地流转的必要支撑。如澧溪北湾半岛先通过高标准农田的建设来招商引资进而促进土地流转。

案例1 澧溪北湾半岛:一湾荒岛变四季花海

由于青壮年外出务工,加之又是水淹区,澧溪北湾半岛板块的农田多是种半年荒半年状态。澧溪镇充分利用自身生态优势,因地制宜,通过土地流转和高标准农

北湾半岛的紫薇花海

田建设，引进"北湾半岛·四季花海"农业田园综合体开发项目，流转土地6900多亩，包括1100亩的紫薇花海、600亩半岛莲池、600亩名贵山茶花观光园和600亩金丝皇菊产业园，打造集特色产业培育与生态旅游发展于一体的示范基地，成为澧溪镇把荒地变旅游地的成功范例。

通过高标准农田建设招商引资。澧溪镇和北湾村乡村两级政府把北湾半岛板块的抛荒农田整体打包，通过高标准农田建设，引进了江西省红叶风情农林综合开发有限公司，并引导当地村民与红叶风情公司签订土地流转合同，农户按照每年350元/亩的价格将土地经营权流转给该公司。

实行"龙头企业+基地+农户"的模式。由红叶风情农林综合开发公司投资1.2亿元，一是进行基础设施建设；二是承租1100亩土地作为紫薇花海种植基地，打造紫薇花海农业田园示范区。而澧溪镇从全国知名的花卉苗木基地湖南浏阳引进了紫薇花，现已将北湾半岛的紫薇花海基地打造为江西省内面积最大、品种最全的美国红叶紫薇种植基地。北湾半岛附近居民可在基地工作，解决就业问题。已解决就业岗位150个，年产生务工收入150万元，户均增收1000元。这种模式实现了企农的有机对接，农民既能领田地租金，又可以在家门口就业，获得工资。

推行"农业产业化+秀美乡村建设+全域旅游"的理念。北湾半岛·四季花海与修河连在一起，澧溪镇北湾村南边自然村也位于修河南岸，森林覆盖率达90%以上，也是北湾半岛·四季花海的入口处和游客集散中心。因此，该镇以"农业产业化+秀美乡村建设+全域旅游"的理念进行景区打造，走上以1100亩的紫薇花海、600亩半岛莲池、600亩名贵山茶花观光园和600亩金丝皇菊产业园为依托的"花旅融合、产业致富"的特色之路，同时秉承生态自然理念对北湾村进行建设，先后建成了荷塘月色栈道、观景平台、生态停车场等设施。

案例2　杨洲乡千亩红心猕猴桃：荒滩瘠土成世外桃源

红心猕猴桃基地位于武宁东南的杨洲乡森峰村，由在外创业的杨洲乡南屏村成功人士樊江宁投资建成，经与森峰村村民签订土地流转合同，集中村里闲置抛荒的土地，种植红心猕猴桃，打造了一处世外桃园。

谨慎考虑引进猕猴桃产业。一是消费者的消费理念变化，即消费者越来越注重农产品的附加值。红心猕猴桃果肉细嫩、口感香甜，营养丰富，看之饱眼福、食之饱口福。二是杨洲乡森峰村的自然条件，森峰村没有任何工业污染，日照充足，年平均1700小时，特别是七八月，每月日照时数在211小时以上，而且昼夜温差极大，这是红心猕猴桃壮果的关键时刻，对果实糖分贮存尤其重要。

与当地村民的合作共赢。一是与当地部分村民签订土地流转合同，给予村民土地流转费用，流转金额为每年300元/亩，每年下半年结算一次。二是吸纳当地村民到红心猕猴桃基地务工，解决近300人就业问题，部分农户利用农闲兼职，每天收入150~200元不等，红心猕猴桃基地每年支付给农民工资高达20多万元。

多种经营模式齐发展。一是发展观光旅游产业，利用杨洲乡本地大力发展旅游产业的态势和大量利好政策，根据本地各大旅游产业初具规模的现状以及红心猕猴桃基地风貌，大力发展旅游业。二是发展休闲采摘产业，红心猕猴桃被称为"果中之王"、"维C之王"，对前来采摘的游客有较大的吸引力。三是与外地企业签订供销合同，红心猕猴桃基地与北京市玖鼎慧馨生物科技有限公司、深圳市物农科技有限公司、上海市概茂农业有限公司三个有机平台签订供销合同，将猕猴桃销往以上三处。

江西省溪海果源现代农业有限公司
红心猕猴桃基地

红心猕猴桃基地

案例点评

土地流转对现代农业发展与农村改革起着至关重要的作用。武宁县通过土地流转发展生态农业，既解决了闲置土地抛荒问题，又为当地群众增添了一条致富途径，这也是绿水青山转化为金山银山的最好佐证。澧溪北湾半岛在土地流转过程中，充分利用自身生态优势，因地制宜，把发展现代观光农业作为主要抓手，大力开展招商引资，鼓励民间资本投资农业。杨洲乡千亩红心猕猴桃基地依托杨洲乡优质的气候、土壤等自然条件，将现代农业与休闲旅游有机结合，是集观光、采摘、休闲于一体的旅游体验基地。

二、让产品"绿"起来

随着武宁社会经济的快速发展，土壤污染形势越来越严峻，无论是工业企业场地造成的土壤污染还是农业耕地的土壤污染均呈急速增长态势。其中，武宁县辖区内工业企业土壤污染主要集中在万福工业园区，主要是因为生产过程中产生的重金属对场地造成的污染严重；而农业耕地土壤污染涉及全县农业用地，主要是由化学肥料、农药的过度使用造成。土壤污染会使土壤物理性质恶化，土壤胶体分散，土壤结构破坏，造成土地板结甚至富集了大量重金属和化学危害物，直接影响作物的产量和质量，给农产品安全带来隐患。

为了解决农业耕地污染问题，让耕地土壤产出更加健康、绿色的食品，武宁县以狠抓土壤污染防治为重点，打好"净土保卫战"。一是实施土壤污染防治行动计划，完成土壤污染状况详查，建立受污染土壤项目库，开展污染地块污染治理与修复。二是大力开展畜禽养殖污染治理，依规调整划定了"禁养区、限养区、可养区"三区范围，成立分管副县长挂帅的整治领导小组，关停了城区规模最大的恒武养殖场，累计关停或搬迁养殖场 39 个、规范整改养殖场 61 个。三是抓好测土配方施肥，推行农药科学化、减量化。2018 年 1~8 月全县农药使用量比 2017 年减少2.15 吨。推广测土配方施肥 48 万亩，折纯 0.31 万吨，提高肥料利用率 1%。全县推广秸秆粉碎还田 25.6 万亩，秸秆肥料化利用 9.5 万吨。

案例　罗坪镇：土壤污染治理，为土地"刮毒疗伤"

随着社会经济的迅速发展，罗坪镇的土壤污染日益严重，主要来源为：一是生活垃圾逐步增加，在垃圾堆放或填坑过程中产生大量的酸性和碱性有机污染物，垃圾中溶解出来的重金属严重污染了当地的土壤。二是过度使用化肥、农药，造成土地肥力下降。三是矿产资源开发，对矿产资源进行开发时产生重金属元素污染土壤。针对上述三种不同方面的耕地土壤污染，罗坪镇分别做出了应对之策。

完善生活垃圾分类处理，防范农村生活污染。一是构建更加完善的垃圾处理体系，"户分类、组保洁、村收集、乡转运、县处理"的模式普遍推行，农村环境综合整治百日大会战扎实推进。二是充分发挥试点带动辐射作用，2017 年，罗坪镇

垃圾收集转运

开展了生活垃圾分类试点，按照《武宁县农村垃圾分类减量处理试点工作方案》的要求，推广普及垃圾"二类四分法"，通过层层分类处理，送县处理的垃圾减量60%以上。三是完备城乡环卫一体化终端处理设备，罗坪镇购置垃圾桶2290只，垃圾密封箱33只，垃圾清运车23辆，垃圾转运车1辆。

推广测土配方施肥，减缓农业生产污染。在减少农药、化肥使用方面，罗坪镇大力推广测土配方施肥技术，县农业局组织技术人员深入罗坪镇，对农田耕地土壤肥力监测点进行GPS定位，对土壤成分进行了再检测，并对当前农作物施肥效果一一进行了对比分析。农业部门利用实地收集的数据，根据作物需肥规律、土壤供肥性能和肥料效应，在合理施用有机肥料的基础上提出氮、磷、钾及中、微量元素等肥料的施用数量、施肥时期和施用方法，并为农户制定今年的测土配方施肥卡。

施用土壤调理剂，推进土壤重金属污染修复。为打好武宁的"土壤防治战"，罗坪镇政府开展了耕地保护与质量提升项目。罗坪镇使用土壤调理剂来改善土壤的物理、化学和

土壤调理剂示范区

微生物反应，降低由于矿产资源开采造成的土壤重金属污染，增强土壤肥力。一是通过增施石灰，达到控制土壤酸化目的，每年5月每亩土地施用40公斤石灰以提高土壤pH值。二是在每年9月底播种绿肥，每亩土地需要播种3公斤绿肥以保持土壤肥力。

案例点评

亿民赖此土，万物生斯壤，耕地土壤污染最终会危及粮食的安全。因此，把人民赖以生存的土地资源保护好是实现生态产品价值转换的基础。武宁耕地土壤污染防治行动没有再走"先污染、后治理"的老路，而是以预防为主、治理为辅为方针。在耕地土壤污染修复问题上，罗坪镇深入实施净土计划，将土壤重金属污染修复、城乡垃圾无害化处理以及农村土壤污染物源头治理作为主要措施，主动从生态环保的角度出发，加大资金投入，从全面处理生活垃圾、科学使用农药化肥、土壤重金属污染修复三方面来防治修复耕地土壤污染，保障粮食安全，让产品"绿"起来，保护农民"舌尖上的安全"。

三、让效益"高"起来

2017年，全国耕地保护工作会议明确表示，要构建数量、质量、生态三位一体的耕地保护新格局，完善管控、建设、激励多措并举的耕地保护新机制，确立明责任、算大账、差别化的占补平衡新方式，搭建智慧耕地管理新平台，强化制度体系的系统性、协调性、先进性，推进耕地保护的科学化、制度化、现代化，努力开创新时代耕地保护工作新局面。面对耕地数量不足和耕地质量下降的严峻形势，武宁县政府依据《土地管理法》提出的保护耕地的目标，即实现耕地总量动态平衡，提出了加强耕地的数量、质量和生态保护并重的思路。

通过土地开发整理建设，努力增加有效耕地面积。武宁不断推进土地开发整理建设，土地开发整理中心充分利用积累的技术力量和经验，发挥自身优势，强化项目整合，认真抓好组织实施和技术指导，并取得了明显成效。例如，石渡乡在土地开发整理项目中增加了有效耕地的数量，实现了增粮惠农。2018年，武宁完成验收土地开发项目5个，实际新增耕地2455.98亩，新立项土地开发项目8个，计划建设规模5096.01亩，预计新增耕地4993.93亩。

通过实施高标准农田建设，提升耕地质量，让耕地效益"高"起来。高标准农田建设就是在一定时期内通过土地整治的方式，建设形成集中连片、设施配套、高产稳产、生态良好、抗灾能力强的农田。在高标准农田建设项目推进过程中，武宁县各乡镇紧密结合产业结构调整、土地流转、壮大村级经济等工作，项目区内计划开展优质稻、经济作物、中药材、综合种养等产业结构调整。例如，甫田乡的高标准农田建设项目就是通过土地流转招商引资发展高效农业和农旅田园综合体项目。

案例1 石渡乡：精选土地做加法，造地增粮百姓欢

石渡乡积极实施增粮富民工程，合理开发利用土地后备资源，增加有效耕地面积，提高耕地质量和农业综合生产能力。石渡村严格按照县政府相关规划，以不影响泄洪、不造成水土流失、不破坏生态环境为前提，以宜耕未利用土地的开发和复垦、农田整理为手段，将980亩的滩涂土地开发成水田，并对山、水、田、林、路进行整合治理，确保石渡乡耕地面积的保存量，为石渡乡经济发展创造良好的用地平台。新丰村土地整理项目通过对项目区1300亩内未利用土地和水毁河田进行开发和整理，来提高土地利用率和产出率，增加有效耕地面积，提高耕地质量，同时通过对项目区内蓄水灌溉、排水、道路等基础设施进行建设和完善，使项目区达到

石渡乡土地整理后的农田

田园化、水利化水平，促进耕地总量动态平衡。

前期调查选点，确定开发地块。石渡乡选择石渡村和新丰村作为开发地块满足了三个必要条件：一是立地条件好，要求开发地块为地势相对平坦的废弃地、未利用地或疏林地，土质资源较好。石渡村滩涂土地属于重要的后备土地资源，土质松软，土层深厚，土壤中含有丰富矿物质，非常适合水稻种植。二是石渡、新丰两村的领导班子工作能力强，村干部在群众中有威信。三是两村的农民积极性高，有2/3以上的村民代表要求进行土地开发整理。

中期组织实施，完成开发项目。石渡乡土地开发整理项目由武宁县发展和改革委员会批准建设，在组织工程施工的过程中，达到"三改"的目的。一是对项目区的土地进行深挖平整到位，改良土质。新丰村对土地整理项目区的土地采用挖掘机和人工相结合的方式进行开垦平整，保证耕作层达到规定厚度。二是按图施工到位，改善设施。两村都严格执行工程设计标准，路、渠及坎等基础设施严格按图施工，高标准、高质量完成配套设施建设。三是推行热土覆盖，改善肥力。将建筑用地表面富含肥力的土壤剥离出来运用到新造耕地上覆盖，这是提高新造耕地肥力最好的办法。

后期强化管理，保障耕地质量。一是对新造耕地要搞好承包经营，落实责任，全部种上粮食作物或其他经济作物，严禁出现抛荒现象。乡政府同村干部签订管理责任状，建立长效责任机制，把开发后的土地打造成名特优粮食生产基地。二是对新造耕地要进行严格保护，防止拆坎毁渠等破坏行为的发生。三是对新造耕地要严格管理，坚决禁止在新造耕地内违法山规建房。

案例2　甫田乡：建设高标农田，打造高效农业

甫田乡的耕地地块小、坡度大、农田基础设施差，少有能集中连片的耕地，不便耕作，很多田地被抛荒。自2017年以来，甫田乡通过"五个坚持"工作方法实施了高标准农田建设项目，经过近两年的建设，已完成高标准农田任务7500亩，土地平整、集中连片、设施配套、生态良好的高标准农田基本建设完成。该村农田面貌得到明显改善，基本形成"田成方、渠相连、路相通、旱能灌、涝能排"的农田状况。同时，将以村为单位成立土地流转合作机构，通过引入农业项目，显著提高甫田乡农业机械化、产业化、规模化经营水平。甫田村焦家祠200亩的荷虾共养项目，茶棋村冯家桥100亩有机水果和蔬菜种植基地，烟港村慢流坑300亩有机稻种植基地等项目，都是高标准农田建设促进农业产业提档升级的

高标准农田

具体表现。下一步甫田乡将高标准农田建设实现全乡全域化覆盖，完成1万亩建设目标。

坚持责任清晰化，保证掷地有声。甫田乡作为二级法人，成立了高标准农田建设工程专门项目部，由乡长担任负责人，由分管领导担任具体负责人；由乡农综站负责日常工作，各村包村领导和支部书记负责所属区域建设推进工作；将施工、监理、设计责任进一步明确，确保每个岗位在岗履职，全力服务工程推进；把相关工作经费全部下发给各村委会以激励村级积极参与工作协调推进。

坚持协调例行化，保证沟通有效。甫田乡与武宁县高标办和农业局做好日常工作汇报，按时汇报工作推进进度，及时汇报推进过程中需要解决的问题；与施工单位、设计单位和监理单位做好协调工作；与各村、各组、群众积极协调，做好宣传工作，尽全力将民生工程做民心工程。

坚持调度常态化，保证行事有章。在高标准农田建设推进中，甫田乡坚持半个月一调度会，由各方汇报情况，再行查缺补漏、释疑解惑、表先激后，每周进行一次工作进度通报，落后者在会议上作表态发言。

高标准农田

坚持督查实地化,保证质量有底。对照图纸查,做到心中有数;依着质量督,查看材料、工艺等事关质量的关键问题;根据群众意见调整工程;对照进度推进高标准农田建设。

坚持收关严格化,保证始终有样。甫田乡严格按照武宁县办要求,做好工程扫尾和验收协调服务工作;做好产业承接,多次与农业项目投资方商洽项目落地事宜,成功引入多个优质的高效农业、农旅田园综合体项目;做好项目后期管护移交接工作,由村组进行管护。

 案例点评

保护耕地不仅在于紧紧围绕耕地保护约束性指标开展土地开发整理工作,还在于更好地完善田间配套设施,建设高标准基本农田,增加耕地面积,促进了耕地的动态平衡和可持续发展,使生态环境得到了明显改善,同时改善农村农业生产条件,提高生产能力,降低农业生产成本,增加农民收入,提升农民满意度,使土地的生态价值得到了提升。石渡乡积极实施造地增粮富民工程,石渡村以宜耕未利用

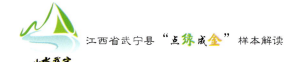

开发和土地复垦、农田整理为手段，将滩涂土地开发成水田；新丰村对项目区内未利用土地和水毁河田进行开发和整理，增加了有效耕地面积。甫田乡以高标准农田基础设施建设服务产业兴旺为宗旨，通过"五个坚持"的工作方法全面完成高标准农田建设任务，并将高标准农田建设和土地流转相结合，引入优质农业项目，为当地带来了显著效益。

发展 篇

勤劳朴实的武宁人并不满足于端着"金饭碗"，徜徉在绿水青山中自我陶醉、孤芳自赏，而是以奔跑的姿态冲刺绿色崛起"领跑圈"。山的伟岸、水的灵动，真切地诉说着"绿水青山就是金山银山"的武宁传奇。

第八章

城乡一体发展　全景武宁换新颜

党的十八大以来，以习近平总书记为核心的党中央准确把握发展大势，立足新型工业化、信息化、城镇化、农业现代化同步发展全局，深入实施乡村振兴战略和推进城市建设发展，开创了新时代统筹城乡发展的新局面。武宁以工促农、以城带乡，构建城乡依托、互利互惠、互相促进、协调发展、共同繁荣的新型城乡关系，发展城乡一体化，使全景武宁焕然一新。2019年，入选江西省首批美丽宜居试点示范县，央视走基层栏目、木兰花开等知名论坛也频频地走进武宁。

在景区城市建设方面，武宁按照"中国最美小城"的定位，对城市进行高起点规划、高标准建设，把项目当景点建，把县城当景区建，着力打造景区城市、旅游城市、养生城市。拓宽城市道路，实施污水管网改造、雨污分流、防洪堤景观化提升等"城市双修"市政功能性工程。以县城为核心的西海湾景区把朝阳湖公园、八音公园、沙田湿地公园连成一个城市大景区，已成功入选国家4A级景区，被授予"江西省最美旅游名片"，目前正在创建国家5A级景区。

在美丽乡村建设方面，把农村纳入景区范畴，科学规划，合理布局，与产业融合着力打造5A级全域景区。村庄、道路、荒山绿化全覆盖，农村居民建房都按规划建，违章建筑一律拆除。全面开展生态文明乡镇创建工作，全县19个乡镇中国家级生态乡镇已达到16个，建成国家和省级生态村10个，林果业、生态旅游、养生养老示范村庄53个，乡村生态环境、生活环境明显提升，逐步实现乡村振兴。

在城乡环境综合整治方面，通过"三个结合"，将城乡环境综合整治与城镇示范县、新农村建设和全域旅游结合在一起，以群众主体工作法推进城乡环境综合整治，武宁城乡环境综合整治取得了明显的成效。创建了"全国森林旅游示范县"以及"全省旅游工作先进县"、"江西省全域旅游推进十佳县"等殊荣。2019年，获得"全省最干净县"第一名。

一、最美小城的嬗变之路

习近平总书记指出，城镇建设水平不仅关系居民生活质量，而且也是城市生命力所在。为深入贯彻落实习近平总书记的指示，提升人民群众的获得感和幸福感，武宁坚持以人民为中心，倾力打造"城镇建设示范县"，加快拓展养生宜居生态新空间，秀美城乡面貌更具魅力。武宁围绕"中国最美小城"、"庐山西海旅游经济圈大本营"的定位，以"工匠"精神建设旅游城市、景区城市、康养城市。城区建成区面积由 11 平方公里扩大到 15.8 平方公里，以县城为核心的西海湾景区被授予"江西省最美旅游名片"，正在创建国家 5A 级景区。全面打响了以"九整治、一提升"为主要内容的"美我武宁，净我家园"城市环境提升大会战，基本实现了"八无、一好、六到位"的目标，取得显著成效。"武宁之窗"一期、"桥中桥"、西海湾灯光亮化提升等一批城市景观工程顺利完工；城区心怡水湾幸福小区充分发挥群众主观能动性，通过"三清四改五提升"行动提升小区档次，最美小城的城市品位和旅游形象全面提升。武宁致力于做好城市建设的加、减、乘混合运算，不断夯实城市基石、提升城市品位、增强城市活力，实现最美小城的华丽嬗变。2018 年获得国家森林城市、全国绿化模范县等荣誉称号。

案例 1　武宁之窗：诗和远方的驿站

20 世纪 70 年代，武宁老县城因响应国家号召兴建柘林水库而整体搬迁，由于当时投入少、工期短等因素，致使城市周边基础薄弱、设施落后。随着城市快速发展和人口急剧增加，县城内朝阳湖、沙田河流域及人民路周边多年的排污排废，以致污水横流、垃圾遍地。2017 年，武宁开始重点打造城市生态修复示范工程——武宁之窗，项目分两期建设，包括一期的高速公路出入口两侧景观工程和二期的环

武宁之窗

城大道和迎宾大道区域，总面积 108 万平方米，总投资 1 亿元。项目通过山水武宁、运动武宁、舌尖武宁和长寿武宁四大主题，重点打造四大功能分区和八大主要景点，尽显西海四季风光，以"枕山环水见城"的方式塑造一个山水相依、水城辉映的窗口，展现武宁空间层次丰富、山水特色鲜明的最美小城城市门户风光，成为游客们追求诗和远方的驿站；同时也见证了县委、县政府倾注感情抓项目、精雕细琢铸精品的城市建设理念。

以"城市双修"为依托进行城市生态修复，打造最美小城城市门户风光。武宁按照"城市双修"思路，即城市生态修复和城市修补，以一次环境整治、一个项目建设、一处景观打造的"1+1+1"模式，充分利用城市"边角、插花"地块，催化武宁城市窗口由脏乱差向洁绿美蝶变新生。

聘请高水平规划团队打造城市绿肺，进一步改善城市生态环境。武宁聘请高水平规划设计团队，将沙田河湿地公园与朝阳湖、庐山西海连接起来，提升庐山西海沿湖环境。项目综合运用"拆违、治污、增绿、造景"等措施，以不破坏原有生态湿地为前提，清理河面垃圾，清除河底淤泥，还河面清洁；抛石挤淤，固化河岸线，减少河水冲刷；沿湖土方整形，设置排水沟；岸边绿化，做好水土保持，保护饮用水水源地，保持历史肌理，为城市造"绿肺"8 万平方米。

打造环湖生态城市绿道慢行系统，形成城市健康生活圈。在景观中设计了生态慢行道与城区滨湖路相连，形成一个集旅游、观光、休闲、运动、健身于一体的城市环湖健康生活圈。其中 16 公里慢行绿道，一为市民和游客新增安全、连续、绿色生态的运动休闲场所。二为一些国际、国

改造后的湖滨北路

内比赛提供了更加优秀的赛事平台。2018 年 9 月 16 日，第九届环鄱阳湖国际自行车大赛第五站赛事在武宁进行，武宁已经连续 5 年承办该项赛事。

案例 2　城区心怡水湾幸福小区：老城区的新活力

怡水湾幸福小区建成于 2005 年，占地面积 50 亩，有居民 428 户 1700 余人。

该小区是老城区较早的封闭式小区，基础设施日趋陈旧，功能配套残缺不全，环境卫生脏、乱、差、杂等问题突出，严重影响居民生活质量。2018年，武宁开始老旧小区提升工程，以环境整治为基础，改善群众居住条件，打造全省最干净县。在征得小区绝大多数居民同意进行改造后，全面推进以心怡水湾幸福小区的老旧小区提升工程，由表及里、以点带面，全面提升老旧小区功能设施和文化品位，焕发出老城区的新活力。

实行"三清四改五提升"行动，推进小区提质提档。"三清"是指清违建、清牛皮癣、清垃圾。共拆除防盗窗网279户、乱搭乱建34处，清理陈年垃圾36吨、垃圾死角165处。"四改"是改线、改网、改路、改外立面。铺设弱电管线、雨污管网、燃气管道10公里；铺设沥青1.5万平方米；完成外墙真石漆涂料粉刷5万平方米；硬化铺装9700平方米。"五提升"是指提升功能设施、提升绿化景观、提升安保系统、提升文化品位、提升小区人气。

推选典型群众代表，发挥群众主观能动性。从群众中推选出办事公道、热心公益，有威望的代表。在老旧小区改造、新农村建设等事务中得不到群众的支持与理解，群众代表主动宣传解释，发挥人熟地熟的优势做通群众思想工作，得到群众的肯定。小区群众从刚开始的抵触到主动拆除防盗窗，一个星期之内完成小区300多户防盗窗的拆除工作。

改造后的心怡水湾小区

引入业主监督机制，引导群众自我监督。业主参与老旧小区改造全过程，在过程中引入监督机制。设置公示牌将改造项目、施工单位、监理单位、项目负责人、社区监管员等进行公示，让业主了解施工详细信息；定期组织小区居民检验施工材料、查看施工效果等，吸纳业主合理的意见建议；开通 24 小时居民热线，随时接受居民的监督和建议。在改造工程正式竣工前，书面征求住户意见，整个小区居户满意率达到 90%，方可组织竣工验收。

 案例点评

武宁高度重视城市功能与品质提升工作，深入践行"绿水青山就是金山银山"的理念，按照"全面推进城市双修、匠心打造最美小城"的发展原则，大力开展各项活动，城市功能与品质提升工作取得良好成效，城区得到了质的提升。

打造武宁之窗城市生态修复项目，为城市造绿肺，建设环湖生态城市绿道慢行系统，建设最美小城，展现武宁山水生态、生机盎然的城市门户风光。心怡水湾幸福小区实行一系列改造行动，引入业主监督机制，激发群众主动参与小区建设，提高小区质量与档次，由表及里、以点带面，全面提升老旧小区功能设施和文化品位，努力提升群众的幸福度、满意度。

二、美丽乡村的振兴之路

改善农村人居环境，建设美丽宜居乡村，是实施乡村振兴战略的一项重要任务，事关全面建成小康社会，事关广大农民根本福祉，事关农村社会文明和谐。在全面推进绿色崛起的进程中，武宁踏上美丽乡村的振兴之路，把新农村建设作为重要抓手，按照党的十九大报告对乡村振兴战略提出的"产业兴旺、生态宜居、乡风文明、治理有效、生活富裕"的总要求，以规划为引领，立足区位优势和资源禀赋，发展特色产业，积极培育乡村新产业、新业态，为乡村振兴提供永续动能。

武宁县在具体操作中以"三多三少"理念为引领：即多一点绿化、少一点硬化；多一点自然、少一点做作；多一点乡愁、少一点现代，使整洁美丽、和谐宜居的秀美乡村处处呈现。同时，通过"三个结合"，即新农村建设与农业产业发展相结合、与旅游发展相结合、与文化发展相结合，不断丰富内涵，把新农村建设推向更高层次，以新农村建设促进生态和谐、助推产业发展、融入全域旅游、培育文明乡风。2018 年，武宁县创建美丽示范农户庭院 1000 户、美丽宜居村庄 10 个、美丽示范乡镇 2 个。

（一）乡村建设与现代农业融合

案例 1　罗坪镇南冲金色家园：全产业生态链托举小康梦

南冲金色家园位于罗坪镇关山村棉花山，内有 1200 亩果园，主要产业有早桔、南丰蜜桔、枇杷、杨梅等。为响应乡村振兴战略，全面提升棉花山的产业效益、做美人居环境，罗坪镇精心策划，全力推进，构建全产业生态链，意欲托起群众的"小康梦"。总投资 1000 万元，建设民宿度假区、果蔬采摘园、游客接待中心、亲子体验区等，将棉花山规划打造成集采摘、观光、旅游、民宿为一体的农旅结合的产业基地，目前正在进行民宿装修及景观台、农家乐和游客服务中心等建设。

留住乡村风貌，打造田园南冲。棉花山拥有 1200 多亩的果园、100 亩菜园、30 亩水塘、5 栋移民旧居，果业基础好；临近庐山西海，自然生态优美，远处非洲菊四季飘香，山上桔黄金色满园。罗坪镇请来专业团队结合村庄实际，做到显山露水，水系环村，构筑水韵南冲秋果飘香的美景。通过产业发展和村庄景观打造，使南冲四季如画，还有民宿种地等体验，凸显"水韵南冲、多彩关山"的设计理念。

南冲印象

　　构建全产业生态链，打造富裕南冲。罗坪镇打造种植（一产）、加工（二产）、物流（三产）、服务（四产）、文化（五产）全产业生态链，并在此基础上融合发展从而形成第六产业。"一产"主要是加大规模化、标准化，集约化的育苗，新品种示范。南冲成立"一领办三参与"合作社，引进非洲菊基地150亩，结合产业扶贫项目，创办200亩特色水果基地。"二产"、"三产"主要是大力发展农产品加工和冷链物流，成立1个薯粉农产品加工扶贫车间及电商点。"四产"是积极培育新产业、新业态，通过实施休闲农业旅游观光、农业品牌和培育社会化服务组织。"五产"主要是文化增值和赋能。有此"五产"链接，最后生成了罗坪镇模式的农村产业融合发展。

案例2　石渡乡官田村：福橙之光点燃富民希望

　　石渡乡官田村按照打造省级美丽乡村示范村建设要求，由县扶移办和县新村办整合资金260余万元，群众投工投劳，依托官田福橙产业，以构建美丽官田、生态官田、和谐官田为目标，以果业、生态、野趣为主题，实施福橙基地改造、嘉宝果基地建设、环境整治、基础设施建设、点燃富民希望，全面推进美丽乡村建设。2018年，石渡乡退出贫困村1个、脱贫39户146人，2019年计划脱贫141人，2020年确保现行标准下农村贫困人口全部脱贫。

官田福橙示范园

引进农业产业化项目，助力美丽乡村建设。石渡乡官田福橙产业示范园项目是石渡乡结合当地气候、土壤实际，优化农业产业结构，引进江西弘生果业有限公司进行产业化投资，该项目包括标准果园、优质福橙种质资料库、优质福橙果苗繁育基地三个子项目。种植面积达 500 余亩，种植品种从日本引进，为柑桔、橙子、柚子的杂交品种。三年可挂果，四年可丰产，亩产可达 5000 斤，市场销路好，目前市场售价达 30 元/斤以上。

依托官田福橙产业，实现生态与美丽同步。官田村美丽乡村示范村庄建设过程中，以"人文故里、果润官田"为主题，依托官田福橙产业这个平台，引进嘉宝果产业，江西全瑞诚农业科技开发有限公司在石渡乡官田村部旁试种了 8 亩嘉宝果。官田美丽乡村建设实现了产业发展、果旅联动与养生休闲有机结合，大力发展官田福橙、嘉宝果等为主导的特色产业，实现生态与美丽同步，经济效益与社会效益并举。

鼓励产业多点开花，形成乡村建设"造血"机制。一是提高农业产业在年终考评中的占分比重。在大力推广福橙产业的同时，鼓励各村积极发展其他各项产业，力求产业多点开花。二是出台了农业产业化奖补政策，奖励范围为区域内农业生产经营组织，包括农业产业联合体、龙头企业、农民专业合作社、家庭农场和个人等。奖励项目是当年新增的农业种植项目：苗木花卉、中药材、特色果业、传统果业、蔬菜类。多产业发展为官田村美丽乡村建设提供动能和保障。

（二）乡村建设与全域旅游融合

案例 1　巾口乡幸福里：幸福山下的幸福故事

巾口乡幸福里立足山水生态优势，因势利导与旅游业融合，大力推进经济社会发展，着力改善民生，建设成四季花草芬芳、村容整洁美丽、和谐宜居的社会主义新农村。巾口乡将现代农业与党建、旅游、精准扶贫等工作完美结合，实现"物的新农村"向"人的新农村"转变，辐射效应不断彰显，抒写一系列幸福山下的幸福故

巾口幸福里

事。2018年，景区累计接待游客20余万人次，旅游收入750余万元。幸福里美丽乡村先后获评"九江市文明村镇"和省4A级乡村旅游点。幸福里成为一个现代农业与乡村旅游深度融合的田园综合体，既是当地美丽乡村示范点，也是农旅融合的成功典型。

依托旅游资源优势，实现乡村景区化。幸福里境内旅游资源异常丰富，具备高标准打造新农村集群的诸多优势，幸福里结合"乡村振兴"战略总要求，打造"花千谷"——集农家乐餐饮、民宿和民俗体验为主的农家休闲区。依托"花千谷"景区的旅游资源优势和永武高速的交通区位优势，带动周边群众发展农家乐、民俗民宿、花卉观赏基地、瓜果采摘基地等旅游富民产业。已发展农家乐13家、民宿2家、采摘基地400亩。同时，从环境整治入手，按照景

幸福一角

区的标准精心打造每一处景观节点，建成了具有乡土味道的"观风亭"、"偶尔来坐"等一批群众充分受益、游客流连忘返的景点。

发展农旅融合之路，带领群众脱贫致富。幸福里按"美丽乡村建设+民宿+农业产业+旅游"的农旅融合模式有序推进乡村振兴示范点建设。随着"花千谷"景区旅游人气高涨，带动了周边农家乐和民宿空前火爆，刷新了乡村闲置房屋和土地的利用方式，拉动了农副产品营销，解决了当地劳动力尤其是20余户贫困户就业问题，为群众脱贫致富找到了一条稳定的出路。打造"党建、廉政、统战、移风易俗"示范基地各1处、扶贫车间1处，成功走出一条"新农村建设+全域旅游+脱贫攻坚"的乡村振兴之路。

案例2 澧溪镇七彩长乐：产业有多精彩，生活就有多风采

澧溪镇七彩长乐乡村旅游景区位于澧溪镇集镇规划区内，占地约1600亩。景区紧邻大广、永武、武通三条高速枢纽澧溪出口处，具有良好的对外交通条件。澧

溪长乐自然村紧紧围绕"产业兴旺、生态宜居、乡风文明、治理有效、生活富裕"20字方针，以产业多彩、生活风采为目标，倾力打造宜居宜业宜游的和谐新长乐，走出了一条"政府规划引领、企业投资运营、群众配套受益"新路子，在生态文明建设和精神文明建设方面取得了较好成效。

围绕农旅融合的发展理念，建设美丽乡村产业园。澧溪镇依托10公里3000亩白莲产业长廊，结合现有村落、农田、山林，围绕澧溪镇"特色农业+美丽乡村+全域旅游"的发展理念，打造集产业、休闲、文化、旅游等多功能于一体的综合性美丽乡村产业园。园内分为"一环、四区"，即"七彩莲乡"赏莲环道和山地采摘体验区、白莲生产区、莲乡民宿区、莲谷美食区。以莲花观光、果莲采摘为主打，配套一系列体验活动。

生活"常乐"

以民生改善为要，实现乡村美丽经济。在村集体经济发展中，澧溪长乐自然村发展"党建+生态建设"模式，采取社会投资，村集体投资和贫困户入股三种模式。同时积极开展了莲田套种水生蔬菜和莲虾、莲蟹共养等项目，促进莲田综合效益提升。在不破坏原有生态的基础上，建设了赏花栈道、寻莲游步道、废弃猪栏改造的观景茶吧等便民设施。同时鼓励群众发展民宿、农家乐，共享乡村旅游红利。

七彩长乐自开园以来，总收入 1000 万元，群众也实现了"乡土上就业、家门口创收"，户均增收 1500 元以上。

七彩长乐

荒田荒地华丽转身，乡村生态美丽"双赢"。良好的生态环境，是澧溪镇实现生态效益有机统一的根本保障。七彩长乐风景区由以前的荒田荒地华丽转身为生态湿地公园，良好的富氧环境吸引了大批白鹭来此栖息，生态环境大幅提升，亦是一大景观。为进一步提升风景区的生态环境，景区内所有的花木都做到了挂牌保护、专人管理。

（三）乡村建设与历史文化融合

案例　甫田乡：深挖地域文化，留住美丽乡愁

甫田乡始终把秀美乡村建设放在突出位置，2018 年，甫田乡在着力提升村容村貌的同时，深挖地域文化，突出茶棋村"三贤毕至，五凤来仪"三贤文化特色，楼湖村"大干快上，更上层楼"干楼文化特色，外湖村"一个村庄、两种乡愁"移民文化特色，烟港村"牢记历史、忆苦思甜"珊厦文化特色，打造最具乡愁、和谐宜居的美丽风景示范线。外湖村老虎障移民示范村庄成功入选江西省五十佳最具乡愁的村庄，成为 2018 年全县第二季度全域旅游现场会看点之一；烟港村珊厦新村点成为全市环境整治现场会、全市农村生活污水治理工作现

场会等看点。

茶棋村三贤廉政文化特色。甫田乡充分利用三贤廉政传统文化特色，以党风廉政建设示范创建为抓手，把创建成果融入乡村旅游，为乡村振兴注入新动能。甫田乡以"六个一"的模式打造集镇党风廉政示范点，推动党风廉政建设向纵深发展。六个一：即一室一馆一堂一合一院一场。一室，即廉政书画室；一馆，即廉政图书馆；一堂，即三贤廉政课堂，每月至少举行一次，主题涉及党史教育、廉政教育、乡村

三贤廉政文化墙

振兴、财务管理等；一台，即春风廉政大舞台，创作推出廉政建设、家风家教等类型节目的演出；一院，即政府大院，张贴悬挂名言警句、廉政书法作品；一场，即三贤廉政文化广场。

楼湖村的干楼文化特色。2018 年，申报创建的干楼大道示范路项目已完成道路大中修、安全防护栏、石埠桥、警示标线、绿化、道路指示牌和旅游标识牌等子工程，干楼大桥已完成设计评审。同时，按照甫田乡"道路+旅游"发展新模式，在沿线高标准打造了"干楼公社"传统文化示范村和老虎帐移民示范村两个旅游节点，初步形成"四好农村"路建设和旅游发展相得益彰的局面。

外湖村的移民文化特色。2017 年年初，甫田乡党委政府启动了外湖村老虎帐浙江移民村新农村建设。2018 年，甫田乡重点围绕挖掘提升移民文化、廉政文化、家风文化、旅游文化，重点打造了移民文化馆、古民居群落、甫田乡廉政文化宣传教育基地、家风文化墙、西海时光农家乐和遇见洛神民宿等。2018 年 4 月，老虎帐被评为"江西省五十佳最具乡愁村庄"之一。2018 年 7 月，老虎帐移民新村被列入全县纪检监察现场会、全县全域旅游现场会看点，并迎来了水利部国家移民司的调研指导。

烟港村的珊厦文化特色。一是房屋提升到位，全村房屋外立面改造 54 栋，全村房屋外墙颜色统一规范，文化特色鲜明。二是道路通畅到位，按照村民出行需

求，全村改造道路
2.1 公里，全面拓宽
了村道，村民出行更
加顺畅。三是环境美
化到位，全村共打造
生态微花园、微菜园、
微果园 16 个，增加绿
化面积 2500 多平方
米。四是污水处理到
位，新建生态污水处

珊厦文化广场

理站 1 座，架设污水管网 1200 多米，填埋密封化粪池 30 个，建立了污水处理长效
机制。五是文化传承到位，全村设有党建宣传墙 5 处、历史文化墙 6 处、中共武宁
支部创始人纪念馆 1 处、方谊修烈士广场 1 处。

三贤垇小故事

　　相传北宋时期，佛印、苏东坡、黄庭坚，三位贤人交往甚密，常游历相聚，被人们称
为"三贤"。苏东坡因一再遭贬，对仕途心灰意懒，为排解苏东坡的郁闷心情，黄庭坚邀
苏、佛，前往分宁（今修水）双井故居小聚。他们乘船自赤壁顺流而下，经九江、湖口进
入鄱阳湖，在永修吴城换成小船，沿修河逆流而上。因多日乘舟，三人疲惫不堪，过武宁
县后途经一处，见柳暗花明，阡陌相连，美不胜收。三人精神大振，倦意一扫而空，便停
船靠岸，沿着小径来到了茶坪坳，找了一处茶亭歇息，村民们见有客人来到，忙为他们沏
茶，他们一边饮茶，一边下棋，好不快乐。后又在村民的指引下去往"白石"村饮酒、聊
天，流连至晚，方始归舟，后人便将三人游览之处取名为"三贤垇"。

（四）乡村建设与脱贫解困融合

案例 1　官莲乡东山村：靠水吃水，东山再起，打造"西海滨湖第一村"

　　东山村是"十三五"省级贫困村，位于武宁县官莲乡东部，柘林湖筑坝蓄水
后。村庄东南西三面被水包围，北面临山，坐船翻山再乘车成为当地人出行的唯一
方式。2012 年，永武高速通车，东山村区域优势立刻显现，由过去的交通死角变
成从永修方向进入武宁的第一村。东山村经过三年打造，坚持将乡村建设与脱贫解

东山村井垅苗木扶贫基地

困相融合，坚持走靠水吃水的"旅游+生态+扶贫"的乡村振兴新路子，已经"东山再起"，实现了贫困村向示范村的华丽转身，打造"西海滨湖第一村"，先后荣获江西省文明村镇和九江市乡村振兴示范村。

坚持脱贫攻坚与乡村振兴相结合。东山村坚持把脱贫攻坚作为首要任务，从历史村情出发，围绕产业发展、乡风文明、壮大村集体等方面深化改革，先后发展

东山村有机蔬菜大棚

530 亩苗木扶贫产业基地、50 亩龙虾、140 亩有机蔬菜、150 亩皇菊等产业扶贫基地，实现贫困户入股全覆盖，贫困户实现年人均增收 3500 元，村集体经济从零到 23 万元的转身。

坚持脱贫攻坚与乡村旅游相结合。旅游发展，规划先行，投资进行 9 个自然组的乡村振兴规划与田园综合体规划制定，成立了乡村旅游发展有限公司，18 名外出务工乡贤募集资金 5000 万元启动了田园

综合体乡村旅游开发与发展。积极吸引好项目落实，已经发展摩托艇、赛艇、水上飞机等水上旅游项目3个，实现了130多名百姓在家就业。

东山村首届"乡村旅游文化节"群众文艺演出

案例2　武安锦城：一个从穷山窝走向"安乐窝"的地方

坐落在武宁县工业园区的武安锦城安置小区，是武宁推动镇村联动，实施移民扶贫整体搬迁的重点民生工程，也是该县最大的移民扶贫搬迁安置项目。在武安锦城开展综合性生态移民补偿示范工程建设，全力创建服务型、平安型、自治型、学习型、数字型、生态型"六位一体"的现代化社区。项目总规划建设用地690亩，总建筑面积51.2万平方米，总投资9.35亿元。主要安置地质灾害区、深山区、库区回水区、生态敏感区居民，让居民从穷山窝走进安乐窝。该项目已全部建成，将安置移民和困难群众4759户近2万人。

启动生态移民项目，实现普惠民生福祉。武宁县按照精品商住小区的规划设计，园区城市化的要求和硬件、软件双"一流"的建设标准，建成了武安锦城安置小区。在硬件配套上，建设有学校、医院、社区服务中心、菜市场、综合商场等，并加强锦城大道人行道的铺设和绿化、路灯等配套工程建设；在管理服务上，成立了武安锦城临时管委会，划分三个成建制社区，实行网格化管理，完善制度建设，丰富社区功能，提升服务水平，成为平安型、美丽型、发展型、文明型小区的典范，让搬迁移民真正过上城里人的生活。

出台扶助政策，实行差别化扶持。为确保搬迁群众搬得出、留得住、发展得了，武宁出台了一系列扶助政策。对同步搬迁的，每搬1人补助0.6万元，属贫困户的，每搬1人补助2万元，同时对于拆除老房的，每户补助3万~3.5万元；对具有劳动能力的搬迁群众进行各项实用技能培训，经培训后就近在县工业园就业，月工资可达2000~4000元。同时，还为搬迁群众规划设置了街道清洁、厂区门卫等公益性岗位，促进移民增收脱贫致富。

武安锦城生态移民安置小区

合理安排安置方式，完全尊重群众意愿。引导智力健全且有劳动能力，尤其是已有家庭成员在县城或工业园区务工的，根据群众意愿与自身条件，在武安锦城安置小区安置。进武安锦城集中安置的搬迁移民，社会保障可实行"二转一选择"：新农保和城镇居民社会保险互转、农村和城镇低保互转、农村合作医疗和城镇居民医疗保险自由选择。

 案例点评

美丽乡村建设催生了新的产业模式，盘活农村资金流、人员流和物流，把农民从原来的单纯从事生产性劳动变成能够参与合作经营、土地和房产入股或出租、就地打工等多种生产和经营方式中，农民收入结构也实现了从单一的生产性收入向经营性、财产性、工资性、生产性4项收入的转变，成为农村综合改革工作的抓手。特色产业的发展与美丽乡村建设的融合，推动乡村振兴战略落地生根。

在"乡村建设+农业"发展模式中，罗坪镇依托早桔、南丰蜜桔、枇杷、杨梅等果园基地，对农产品加工，构建产业生态链，建设美丽乡村；石渡乡依托福橙产业，优化农业产业结构，鼓励多产业发展，为乡村振兴提供持续动能。在"乡村建设+旅游"发展模式中，巾口幸福里成为农旅融合的典范，形成具有武宁特色的生态产品价值实现经验；澧溪镇七彩长乐通过旅游产业改善生态，荒山荒地成为美丽景观，实现生态与美丽同步。在"乡村建设+文化"发展模式中，甫田乡激发内生动力，深挖本地三贤文化、干楼文化、移民文化和珊厦文化，打造特色鲜明的莆田美丽风景示范线留住最美乡愁。在"乡村建设+民生"发展模式中，官莲乡东山村致力开展扶贫解困行动，将脱贫攻坚与乡村振兴、乡村旅游相结合，四十年后实现"东山再起"。武安锦城是全省规模最大的生态移民项目，惠民为要，实现普惠民生福祉。

武宁在建设美丽乡村中，着力"各行各业+美丽乡村建设"的发展模式，实行产农融合，将生态产业化，盘活乡村资金，带领群众脱贫致富，实现综合生态产品的价值实现。

三、最干净县城的锤炼之路

习近平总书记曾指出，环境治理是一个系统工程，必须作为重大民生实事紧紧抓在手上。开展全省城乡环境综合整治是深入贯彻落实习近平总书记重要要求的实际行动，是推进生态文明建设、打造美丽中国的内在要求。为进一步擦亮"中国最美县域"金字招牌，让人民群众收获更多的幸福感、获得感，武宁走上最干净县城的锤炼之路，成效显著。武宁以创建全国文明城市、国家森林城市、中国人居环境范例奖和国家卫生县城复审为契机，实行群众主体工作法，激发全民参与城乡环境综合整治，使群众成为城乡环境综合整治的主力军。武宁深入推进城乡环境综合整治，罗坪、澧溪两镇成为其代表作，打造以县城为核心的西海湾 4A 级景区和"九岭风光"、"幕阜风情"美丽风景线为框架的"一核两带，全域治理"工作格局。2018 年，武宁县城乡环境综合整治名列全市第一，2019 年，武宁获得"全省最干净县"第一名。

案例 1　罗坪镇：坚守本色，做优特色

罗坪镇围绕"生态立镇，旅游强镇，产业兴镇，民生安镇"的发展思路，全力建造"富裕、秀美、幸福"新罗坪。小城镇建设日新月异，先后投入 260 万元完善集镇硬件设施。罗坪坚守自然生态环境本色，以项目建设为抓手，做优特色，建好"一主一副三片区"的格局，着力实施硬化、净化、绿化、美化、亮化五大工程，打造好县城的门户形象。同时罗坪镇以构建和谐幸福为基本目标，完善人居环境，加强各类基础设施建设。罗坪镇已打造成全国生态乡镇和江西生态旅游强

镇，并获批为全省第一批特色小镇。

长水河

实施五化亮点工程，净化集镇公共空间。罗坪镇大力实施净化、硬化、绿化、亮化、美化五大工程。净化：实施拆、清、建整治工作，已拆除68处有碍城市形象建筑；清理23处垃圾死角、60余处乱贴乱画；建设集镇污水处理厂、实施管网工程、建设垃圾分类处理中心。硬化：实施集镇向湖路白改黑升级改造工程。对向湖路路面"白改黑"2700平方米。绿化：实施集镇绿化工程，更换和补植集镇沿街绿化树500余棵，整修绿化树300余棵。亮化：实施集镇亮化工程，更换集镇路灯150盏。美化：完成集镇弱电下地工程，人行道改造升级工程；完成红豆杉广场建设工程、房屋外立面改造工程。

汇聚民力，整治农村环境。罗坪镇最大限度地调动群众参与环境整治工作的积极性、主动性，努力在全镇营造城乡互动、上下联动、干群齐抓共管的农村环境卫生综合整治工作氛围。罗坪齐抓源头防治，加强农业面源污染防治，加强固体废弃物和垃圾处置，进入城乡一体化垃圾处理工程试运行阶段，采用"3+5"的垃圾处理模式。全镇统一购置了户用垃圾桶及保洁工具，垃圾清运实行统一发包，全镇所有自然村已落实保洁员和清运员。

以人为本，改善民生工程。在做好净化、硬化、绿化、亮化、美化工程的同时，农村基础设施得到了极大改善。罗坪镇共建有3个3A级旅游公厕，1个2A级旅游公厕和4个A级旅游公厕，完成了305省道沿线25个美丽村庄、500余户美丽庭院建

七里溪之秋

设工程、沿线村庄外力面改造和沿线绿化彩化工程，罗坪段九岭风光线建设、关山棉花山田园综合体开发工程、漾都沙湾 500 亩标准良田改造工程也均以完成。

案例 2　澧溪镇：竹色溪中绿，荷花镜里香

澧溪镇在实干为本、发展为先的思路下，社会经济保持了良好的发展态势，在城乡环境综合整治方面取得了明显的成效，打造了"竹色溪中绿，荷花镜里香"的世外桃源。2018 年，成功迎接了国家发展改革委宏观经济研究院生态文明建设调研、农村生活垃圾治理国家验收、"四好农村路"省级核查验收、全市城乡环境综合整治现场会看点、全市基层武装部规范化建设看点、全县乡镇纪委规范化标准化建设现场会看点。同年，澧溪荣获第二季度、第三季度全县环境综合整治工作第二名，"七彩长乐"作为第二季度全市城乡环境综合整治工作现场推进会看点，获得了市、县领导的高度肯定。

点面结合整治城乡环境，镇村面貌焕然一新。澧溪镇采取点、线、面结合方式推进环境整治。一是做好"拆、改、清、洁、绿、新"六字文章。截至 2018 年，全镇拆除空心房、乱搭乱建等违建 1783 间、红蓝铁皮棚 536 处；清理卫生死角 513 处、垃圾小广告 1151 处。二是结合"七改三网"（改路、改水、改厕、改房、改沟、改塘、改环境、电网建设、广电网络建设、电信网络建设）巩固整治成效。新改建下水道 49 处，修缮道路 15200 米，完成"穿衣戴帽"及外立面改造 281500 平方米，新

增绿化 49600 平方米。三是健全长效保洁机制，全面落实农户门前"三包"责任，积极探索生态管护员鼓励机制。

加强水源保护，改善水面生态面貌。澧溪镇将生态保护始终放在首位，全面实施河长制，将修河澧溪段河道按行政村划分成 4 个片区，每个片区设有一名河道巡查员，属所

村容整洁的澧溪

在村的村主任领导，不定期巡查河道，拾捡垃圾，发现污染，及时处置，保证了修河的水质。组织开展修河水面整治行动，对涉砂船舶、沿线砂场进行清理整顿，严厉打击非法采砂行为，取缔域内所有采砂场，建立河道采砂管理责任制和责任追究制，河道采砂乱象得到了全面遏制，修河水面生态面貌得到明显改善。

严控矿产开发，不断优化镇村环境。澧溪镇依法取缔、关停所有无证非法小矿产品加工厂，明确不再新增开采矿产资源；加强对有证开采企业的环保管控，开展不定期督查，并实行第一责任人负责制；对盗采黑瓷土的行为进行了严厉打击，各种矿藏资源实行严格管理。针对非法开采点实行补绿原则，联合群众进行农业产业开发，种植了 300 亩太空白莲，一方面增加了收益，另一方面实现了全民管护，有效控制了非法开采现象，使镇村内生态环境不断优化，镇村面貌气象一新。

环境综合整治前后对比

引导群众自我组织，让其成为乡镇环境综合整治的主力军。从澧溪镇各行政村的村民中推选出办事公道、热心公益，在群众中有威望的代表，充分发挥主观能动性，在垃圾清理、道路保洁等环境综合整治事务中，放手让他们牵头发动群众，从过去"政府忙着干，群众站着看"到现在"群众主动干，政府帮着干"。

案例3　两条美丽风景线，牵引八方客商情

2018年，武宁县迅速拉开了"九岭风光"（省道305）、"幕阜风情"（国道220）两条美丽示范风景线建设序幕，全长110公里，共涉及10个乡镇、173个村庄、7423户农户，完成沿线22个景观节点和1000户美丽示范农户庭院建设。风景线建设以"四精"理念为指引，统筹推进环境美、产业美、乡风美，着力打造美丽乡村建设升级版。先后吸引了广东、浙江、南昌等一批客商沿线发展现代农业和精致农业。

"幕阜风情"美丽示范风景线

开展"四项"行动，建设美丽风景线。一是净化行动。按照"拆、改、清、洁、绿、新"要求，全面推进城乡环境综合整治。沿线共拆除栏舍、旱厕、乱搭乱建、乱堆乱放等2595处，拆除铁皮棚346处，清理垃圾175吨。二是美化行动。通过"穿衣、戴帽、镶边"，改造房屋风格，整治村庄秩序，全面提升村容村貌。共改造坡顶2152栋、房屋出新6533栋、房屋勾线3568栋；83个新村点、7个美丽示范村庄和22个景观节点、沿线2000多户庭院全部按照设计标准焕然一新。三

是彩化行动。对风景线沿线林相进行改造，每5公里栽植一种有色树种，共栽植彩色树种5万余株。四是产业强化行动。着力打造沿线农业产业示范带，"一村一品、一乡一业"渐成气候。布局沿线的白莲、覆盆子、玫瑰花、特色水果等产业4900余亩，新建千亩以上基地4个，清江生态农业产业园、石渡福橙产业示范园、澧溪莲子产业园、杨洲玫瑰小镇等一批产业园镶嵌其中。在此基础上，坚持农旅融合发展，各乡镇争资争项，吸引八方客商投资武宁，美丽风景线日趋成为美丽经济线。

巩固建设成果，健全管护机制。一是巩固提升建设成果。2019年，县委、县政府出台《武宁县九岭风光带建设提升工作方案》，全面实施农业产业、人居环境、景区建设、社会治理四大提升工程，力争将305省道建成产业兴旺、生态宜居、景区优质、治理有效的全域旅游风光带，成为乡村旅游的全国示范。二是健全长效管护机制。全面发挥农村生态管护员"多员合一"制度优势，按照"五定包干"要求，强化生态管护员职责，实现"卫生有人保、山林有人管、河道有人查、公路有人养、村庄有人护、建房有人巡、相关社会事务有人理"。

 案例点评

推进城乡环境综合整治，不仅为了改善人居环境，城乡面貌，更是一级地方政府执政情怀的具体表现。武宁县委、县政府高度重视整治工作，从讲政治的高度把工作抓紧抓实，实行群众主体工作法，激发全民参与城乡环境综合整治，使全县上下凝成一股推进整治的强大合力。

罗坪镇实施净硬绿亮美五化工程，汇聚民力整治农村环境，打好城乡环境整治攻坚战，集镇、乡村面貌焕然一新。澧溪镇做好"六字"文章，结合"七改三网"巩固成效，加强水源保护，严控矿产开发，助力城乡环境综合整治。让澧溪真正成为望得见山、看得见水的美丽家园。武宁倾力打造省道305与国道220两条美丽风景线，展现武宁秀丽风光，吸引八方投资客。武宁城乡环境综合整治的成功典型案例不胜枚举，可见武宁在开展城乡环境整治下了大力气，进一步改善了人居环境。

第九章

业态多元融合　全域旅游添新彩

党的十九大提出,我国当前的社会主要矛盾已经转变为人民日益增长的美好生活需要和不平衡、不充分发展之间的矛盾。旅游产业不仅逐渐成为大家美好生活指标和获取幸福感的刚需,也是国家经济的长期重要增长点、人民群众幸福生活的重要组成部分。生态旅游业蓬勃发展,完美诠释了"绿水青山就是金山银山"理论的实践。绿水青山是发展旅游的先决条件,是营造良好旅游环境的重要基础,旅游业的聚宝盆,而旅游业则是绿水青山的保护伞。所以新时代旅游业发展要以"两山"理论为指导,坚定不移走生态优先、绿色发展的道路,以生态价值观念为准则推动发展方式的深刻转变,以全域旅游为抓手,全面推进优质旅游发展,满足人民日益增长的美好生活需要。

武宁把推进全域旅游作为实现高质量发展的重要支撑,瞄准打造"生态旅游先行区,多业融合示范区"发展定位,着力实施"产业围绕旅游转、功能围绕旅游配、形象围绕旅游塑"的全域旅游发展战略,全力打造全域旅游示范县,构建"处处皆风景、时时有服务、行行融旅游、人人都参与"的新画卷。2016 年,武宁入选首批"国家全域旅游示范区"创建单位,遵循"全景、全业、全季、全享"思路,按照"一城一湖,一乡一景"布局,着力打造"山岳武宁、水上武宁、夜色武宁、乡村武宁、康养武宁、空中武宁"六条风景线,全力推动"各行各业+旅游",推动多业融合,优化市场供给,先后荣获全国森林旅游示范县、中国十佳宜居县、中国天然氧吧、全国百佳深呼吸小城、中国候鸟旅居小城、中国十佳避暑康养小城江西省全域旅游示范区、江西旅游强县等重量级荣誉。2019 年,武宁三度获得"全省旅游产业发展先进县",成为九江市唯一一个连续 3 年获此殊荣的县。旅游对武宁国民经济综合贡献值越来越高,富民效应日益彰显。截至 2018 年底,全县旅游接待 668.5 万人次,旅游总收入达 53.5 亿元,旅游产业增加值占 GDP 的23.14%,占第三产业的 45.38%,近三年旅游产业脱贫 2735 人,占总脱贫人口的21.2%。带动建筑、通信、住宿、娱乐、餐饮、交通等 30 多个行业繁荣发展。武宁成功创建了庐山西海、西海湾和阳光照耀 29 度假区 3 个国家 4A 级景区以及 5 个3A 级景区;创评五星级饭店 1 家、四星级饭店 2 家、三星级饭店 2 家、三星级农家旅馆 8 家。

武宁因地制宜、因时制宜,在不同地域根据自身资源特色及旅游要素的聚集状况,采用多种模式推动生态旅游产业投资发展,鼓励更多民间资本进入。概括而言,武宁全域旅游发展模式主要有五类:①全域景区发展型,把整个区域看作一个大景区来规划、建设、管理和营销,如西海湾景区;②龙头景区带动型,以龙头景区作为吸引源，围绕其部署各类基础和配置旅游产品、景区，以龙头景区带动地方经济社会发展，如阳光照耀 29 度假区、巾口花千谷；③特色资源驱动型，以区域内特色自然及人文旅游资源为基础，带动区域旅游业发展，形成特色旅游目的地，如甫田乡老虎帐、上汤温泉养生小镇；④产业深度融合型，以"旅游+"和"+旅游"为途径，深度整合要素资源，推进旅游业与三次产业的融合，提升区域旅游业整体实力和竞争力，如宋溪镇王埠花海、新宁镇茶场社区；⑤功能配套衍生型，有机耦合全域旅游的新旧六要素，完善旅游功能配套建设的旅游建设，如民宿就是典型的旅游中居住和体验的衍生品。

一、城区景区化，人在画中是我家

全域景区发展型生态旅游模式，通过全域资源整合实现全域资源旅游化，通过挖掘新兴资源，扩展旅游的发展空间。全域景区发展型旅游的核心资源体是景区，城市、乡镇和风景道均可作为景区，广场、公园、博物馆、学校、工厂等社会资源访问点也都会纳入未来的旅游产品体系。近年来，武宁坚定不移地推进城区景观化建设，全力打造中国最美小城、国际旅游休闲养生度假区，把整个县城当作一个大景区来建，把每一个项目当作景点来建。按照山、水、城、景融为一体的要求，武宁投入大量的资金做优环境，着力打造景区城市，目的是将整个县城打造成一个 4A 级景区，整个城市都是生态花园。目前，武宁已经建成西海湾湿地公园、西海明珠、西海大桥、西海燕码头等一批重点项目，其中西海湾景区通过了国家 4A 级景区评审，真正实现了"一座城市、一个 4A 级景区"的目标。

案例　西海湾景区：一座城市一个 4A 级景区

西海湾国家 4A 级旅游景区是庐山西海国家级风景名胜区的核心景区，也是武宁第一个由政府主导和投资的核心景区。景区总投资 11 亿元，总面积 124 平方公里，其中水域面积 54 平方公里，水质达国家 Ⅱ 类标准。景区集山水景观、湖泊水上游览、湿地景观、水上娱乐于一体。水上观光游可沿途欣赏到河湖风光、城市风貌、桥梁文化、水上舞台传统文化表演等诸多景光。景区还设有垂钓、龙舟竞渡，沙滩浴场、水上高尔夫、水上摩托艇冲浪、柳山观光探险、沙洲露营等众多互动项目。西海湾景区把朝阳湖公园、八音公园、沙田湿地公园连成一个城市大景区，已成功入选国家 4A 级景区，被授予"江西省最美旅游名片"，目前正在创建国家 5A 级景区。

一个县城就是一个 4A 级景区

高起点规划，打造"最美"城市全域大景区。武宁按照建设中国最美小城的标准，对城市进行高起点规划、高标准建设、高效益经营和高水平管理，把项目当景点建，把县城当作景区建。在规划上，参照国内外成功经验，聘请上海、香港等知名大学教授把脉，使武宁的城市规划达到国内县级城市领先水平。在设计上，以人、水、城和谐共生为主题，在不破坏原有生态结构的前提下进行规划布局，营造良好的视觉空间。在建设上，将山水特色与"美"的元素融入每一块街区、每一栋楼宇、每一段沿湖岸线和每一处建筑节点上。

高品位设计，创作美轮美奂的桥中桥。武宁县城"两湖一河"上凌驾着武宁大桥、西海大桥、长水桥等 11 座别具一格的桥梁。其中，长水桥是连接武宁县城新老城区的重要桥梁。武宁在长水桥下铺设全长 388 米，宽 6.7 米的水上栈道，形成了独特的桥中桥，并进行景观艺术装饰工程改造。以"两山夹一水"的山水文化作为大背景，以幕阜山脉、九岭山脉旅游景观，武宁风土人情和珍禽走兽为创作布局制作了 132 幅手绘壁画。

高标准建设，完善旅游设施配套工程。西海燕码头作为西海湾景区游客集散中心，是武宁重点建设的旅游基础设施配套工程。项目总占地面积 115 亩，总投资约 1.5 亿元，主要分为三个部分：一是水上游艇浮动码头，水上码头栈道面积达到 3000 平方米，钢趸船共有 4 艘，游船靠泊位约 100 个；二是集旅游集散、旅游购

长水桥中桥夜景

物、休闲娱乐、观赏游览等多功能于一体的游客服务中心主楼；三是停车场、观景平台、强五战斗机展示区等，码头小车停车位近 200 个，旅游大巴停车位近 100 个，可实现日接待游客最大吞吐量在 8000 人次。

高科技支撑，点亮绚丽多彩的夜色武宁。2017 年，政府对西海湾的建筑开展亮化工程，共安装各类灯具 1 万多盏，埋设各类线缆 10 万多米。通过高科技的灯

武宁之眼

光舞美联动控制，以染亮变色、雾森、洗亮、投影等光照设计为手段，打造雾森、武宁之眼、武宁船闸、灯光四季变换等特色亮点，展现武宁风采。

高水平表演，弘扬悠久的传统文化。《遇见武宁》旅游演艺项目是西海湾景区独特的大型实景水秀，结合武宁打鼓歌、采茶戏等民俗文化，通过舞蹈、体育竞技、特技等多种表演形式结合，大量使用的4D动画、自动喷泉、水幕和瀑布荧幕等全新的艺术表现形式，展现武宁悠久的历史文化和新时代武宁发展面貌。

案例点评

全域景区发展型，是把整个区域当作一个大景区来规划、建设、管理和营销的旅游开发模式。武宁围绕"一座城市、一个4A级景区"的目标，把整个城区当作一个大景区进行高品位规划，有效整合区域旅游资源，推动全域共享共治，形成功能互补、错位竞争城市大景区，避免区域内景区景点风格千篇一律、同质竞争。发展这种全域旅游模式的前提条件，在城市具备必要的旅游资源基础上要先制订一个高起点、高品位、高标准的城市"一盘棋"旅游开发的全域旅游规划，作为城市大景区建设的顶层引领。将整个城区当作一个景区打造，对将武宁好山好水的生态资源优势转化为发展优势具有重要意义。

二、做精"牛鼻子"，雄鸡一唱天下白

龙头景区带动型生态旅游模式，以龙头景区为核心，向外扩张，不断完善基础设施和公共服务设施，开发具有特色的旅游产品，打通各龙头景区大动脉，形成多个龙头景区齐发展，带动周边的城市、乡镇、小型景区、景点、村庄等，形成一个全域有机循环网络，促进地方经济社会发展。近年来，武宁打造了西海湾、阳光照耀29度假区、花千谷等龙头景区，围绕龙头景区带动、对外营销、线路串联等方面做好旅游提升功课，促进全域旅游发展；充分发挥龙头景区的精品效应、龙头作用，实现山水联动、景城一体；做精"牛鼻子"推动旅游业与相关产业融合，以龙头景区带动地方经济社会发展。

案例 1　阳光照耀 29 度假区：体验渔樵耕读

阳光照耀 29 度假区坐落于杨洲乡龙头景区，距武宁县城 34 公里，与省会南昌约 80 公里，而且离长沙、武汉自驾 3 小时内可到达，具备良好的交通条件。项目占地上万余亩，拥有大小岛屿上百座，被评为国家 4A 级旅

房车营地

游景区，全国休闲农业和乡村旅游示范点，江西省生态旅游示范区。

依托丰富的物产资源，倾心打造世外桃源。阳光照耀 29 度假区的花源谷是以水韵花魂为主题打造的景区，形成春观桃花、樱花、海棠、杜鹃、玉兰等，夏看槐花、波斯菊，秋赏红叶，冬品梅花。在"美丽中国行·共圆中国梦——寻找最美的中国符号"活动中，花源谷以独特的禅意花海景观符号成功入选最美的中国符

金沙滩

号。由于这里远离闹区，并保留着原始风貌，游人进出须乘船只，故又被称为世外桃源。

利用静谧的天然景观，精心布置小岛度假村。金沙滩在一个四面环水的小岛上，湖水达到国家 I 类标准，空气中负氧离子含量达每立方厘米 15 万个。小岛度假村上仅有 36 栋小木屋，房间散漫地坐落在岛的各个位置。沙滩上可以冲浪、游泳、踢球，露营、烧烤、唱歌，玩仿真游戏，看 8D 影院，骑行水上自行车、摩托艇、皮划艇，以及举办沙滩音乐节和帐篷节。

提供独特的个性化服务，用心打造水上木屋。逍遥岛是阳光照耀 29 度假区重点打造的水上木屋项目，一共建有 20 栋不同结构的度假木屋，被誉为"中国的马尔代夫"。每栋木居都是独立的度假生活单元，完全按家庭的生活空间格局布置，

花源谷

设有起居厅、浴室、亲水台、垂钓台等。度假木屋的特色之处在于与之配套的个性化服务，游客可以在木屋的垂钓区垂钓后，将自己亲手钓的鱼虾交景区内厨师烹制，或者可亲自下厨，做出适合自己家人口味的美味佳肴。

逍遥岛上的水上木屋

案例 2　巾口花千谷：花海芬芳醉人

　　花千谷是巾口乡的龙头景区，总投资 3.5 亿元，规划占地面积 4500 亩。初步建成"三园一区"：水果采摘园种满红心火龙果、突尼斯软籽石榴；紫薇花园以紫薇花、郁金香为主并配有山坡滑草、卡丁车、草地悠波球、水上乐园等游乐项目；薰衣草园以薰衣草、马鞭草为主并配有沙滩游乐项目；农家休闲区以幸福里美丽乡村为依托，集农家乐餐饮、民宿和民俗体验为一体。2018 年，景区荣获了国家 3A 级景区，江西省生态文明示范基地，与幸福里一起荣获了江西省 4A 级乡村旅游点。景区共接待游客 20 万人次，接待各级考察团 40 余批次，日最高游客量达 1 万人次，实现旅游门票收入 750 余万元。旅游带动消费效应明显，景区周边各酒店客房节假日基本爆满，各农家乐、饭店生意更是宾客盈门，各类农副产品营销供不应求。

注重自我培养和品牌建设。花千谷由以前多数从外购买引进逐渐变成现在的由自己培育为主，且注意花卉苗木品种的多样化和花期的交错互补，以及林相改造。花千谷打造无公害特色水果，选用农家肥、严格控制农药、化肥使用，绿色产品认证工作通过了评审，"巾口红"品牌创建工作稳步推进。

花千谷郁金香怒放

注重旅游内容多元化的挖掘。花千谷景区二期投入 5700 万元启动了沙滩浴场、游客集散中心、超级蹦床、旋转飞碟、青蛙跳、网红桥等项目的建设；景区深入挖掘和整理巾口乡的生态、文化、历史、农耕等特色资源，成立北京大学禅文化江西研究院拓展基地、《九江日报》小记者研学基地、中小学生研学实践基地。2018 年以来，先后接待 40 余批次 2.2 万学生研学团队，"研学+旅游"示范作用不断凸显。

注重营销推广形式的创新。在营销宣传上加强了与线上、线下渠道的合作。2018 年，与江西航空投资有限公司合作，引进了二架直升飞机参与景区经营活动；微信平台发送宣传 30 期，发送宣传折页 2 万份；被央视 1 套、13 套新闻栏目、江西电视台、人民网等主流媒体相继播报；借助旗袍节、少儿拉丁、国标舞、时装 T 台秀等节庆赛事提升知名度。

花千谷迷你卡丁车体验项目

 案例点评

　　龙头景区带动型，就是将龙头景区作为吸引源点，围绕龙头景区部署基础设施和公共服务设施，配置旅游产品和景区，以龙头景区带动地方生态、经济、社会一体化协同发展，高效推动绿水青山向金山银山转化，是从旅游视角实现生态产品价值的重要模式之一。阳光照耀 29 度假区是杨洲乡重点打造的龙头景区，依托丰富的物产资源，打造世外桃源和"中国的马尔代夫"，尤其注重客户的体验感，无论从房屋设置、室内布置还是活动安排，都充分体现以人为本，个性化服务的理念。巾口乡将花千谷景区打造成龙头景区，景区非常注重自我培养和品牌建设；注重丰富景区业态和完善旅游功能，挖掘和整理文化、历史、农耕等特色资源，发展研学旅游。龙头景区，从旅游开发角度看，其是各类设施、公共服务和各类资源要素聚集的核心；从村镇统筹角度看，其又是拉动武宁县各乡镇贫困地区实现村镇融合发展的"龙头"和引擎。

三、主打特色牌，独树一帜领风骚

特色资源驱动型，以区域内普遍存在的高品质自然及人文旅游资源为基础，特色鲜明的民族、民俗文化为灵魂，以旅游综合开发为路径，推动自然资源与民族文化资源相结合，带动区域旅游业发展，形成特色旅游目的地。武宁在大力发展旅游产业的过程中主打特色牌，深度挖掘历史文化、康养等资源，将自然风光、鲜明的特色文化和康养资源作为一个整体，有机联系进行综合开发利用，着力扶持和培育生态旅游的创意亮点，打造新的经济增长点。甫田乡老虎帐将移民文化、廉政文化资源优势充分利用起来，着力打造最具乡愁村庄。上汤温泉养生小镇依托人文气息浓重、红色血脉流传，建设集旅游、休闲、避暑疗养为一体的最佳胜地。

案例1　甫田乡老虎帐：一个村庄，两种乡愁

老虎帐自然村是一个纯浙江移民村，全村共有 90 多户 400 多人，老、中、青三代人，拥有两种乡愁：一种乡愁，是因为千里迁徙，移民的乡愁；一种是外出打工，求学，思念家园的乡愁。由于该村是 20 世纪 60 年代末迁移至此，房屋建造

老虎帐旧宅新居交相辉映

早，生活环境差，为改善村民生活环境，建设秀美乡村，2018年，甫田乡将该村作为省级新农村建设点来打造。在拆、改、建过程中注重提升、保护浙江民居，依托移民文化，打造乡村旅游点，被评为"江西省五十佳最具乡愁村庄"。

固守和传承移民文化增厚乡村底蕴。当年的浙江移民带来艰苦创业勤劳勇敢的传统精神。他们白手起家，靠着肩挑手提，建起了有浙江特色的房子。老虎帐移民新村是在原有移民乡俗文化的基础上精心打造一村一品文化特色，利用原有具有移民文化的老民房改造成民宿、民居，让游客进得来、留得下，带动农村休闲文化观光旅游发展。村里还建起浙江移民文化展示馆，展示土灶、太师椅、八仙桌、鎏金雕花镂空木床，樟木橱柜，针线箩等第一代移民留下的老物件。

巧用旧物件零成本改造乡间景色。乡、村、组先后多次召开党员和村民代表座谈会，动员老虎帐村民将家中闲置清理出来的石磨盘、罐、酒坛、猪槽等废旧物品进行二次利用，填上泥土，村里统一购买花草分发给农户种植。随处可见村民就地取材、变废为宝制成的各类花器、盆景。村民还利用破旧的轮胎做成七彩花盆，废弃的稻草织成可爱活泼的大肥猪。通过富有创意的旧物利用，几乎"零成本"改造成了村里意趣横生的美丽画卷。

利用廉政文化点亮乡村独特风景。以党风廉政建设示范创建为抓手，把廉政文化融入乡村旅游，以"三点一线"的模式打造外湖村老虎帐党风廉政建设示范点。即莲廉文化展示点、竹节文化展示点、家训家风文化展示点，在老虎帐自然村一线串联。走进甫田乡外湖村老虎帐自然村，墙上、指路牌随处可见廉政文化元素，潜移默化地熏陶着村民的品行和情操，也让体验者对荷、竹和家风有着更深层次的体验。

"老浙"民居味道依旧

老虎帐的移民故事

　　1969 年 11 月 18 日，因富春江水电站建设需要，浙江居民从建德市三河公社荷花塘大队迁移到了老虎帐。当时 200 多人，男女老少，坐着大卡车，摇摇晃晃，一路颠簸，进入了一个陌生的环境，开始了新的生活。那时的老虎帐，是个人烟稀少的地方。村里，5 棵绿荫如盖的古樟树，默默地欢迎着他们。这儿有点荒凉，房屋极少。

　　当年的浙江移民，除了带来简单的行李，更重要的是带来了艰苦创业、勤劳勇敢的传统精神。他们白手起家，靠着肩挑手提建起了有浙江特色的房子，保留了在门楣上题写匾额的传统。他们非常注重教育，在盖住房的同时就建起了一所小学，名为更新小学。学校建在村里最高处，就是要让孩子们知道，求学的路就是登高的路、上进的路；拥有了知识，会让人站得高、看得远。50 年来，从老虎帐村走出去 10 余名大中专毕业生甚至还有考上北京大学的。

　　老虎帐村民以前主要从事农业生产。十几年前开始发展吊瓜产业。外出务工热潮兴起以后，老虎帐村民也卷入大潮之中。年轻人纷纷外出务工、创业，亲朋好友一个带一个，共同致富。目前，在外务工人员基本形成了从事童装产销、安装电梯、安装地板三大行业。在这个村庄，浙江移民在保持艰苦奋斗、勤劳简朴农民特色的同时，依然保留了良好的民风，恪守秉承家训、尊师重教、热心公益、孝老爱亲的传统美德。如今的老虎帐，在党的十九大精神引领下，正迈入全面建成小康社会的新时代，共同奔向美好的中国梦。

案例 2　上汤温泉养生小镇：泉中自有颜如玉

　　上汤温泉养生小镇位于武宁县上汤乡境内的九宫山南山景区，森林覆盖率达 91% 以上。境内自然资源丰富、适宜的地理和气候条件宜于养生，人文气息浓重、红色血脉流传，是集旅游、休闲、避暑疗养为一体的最佳胜地，是武宁的旅游名镇、民俗古镇和革命重镇。2011 年，上汤温泉养生小镇荣获全省省级生态乡；2014 年，荣获武宁县生态建设第一名；2016 年，荣获全省旅游风情小镇称号；2019 年，成功批准为国家 3A 级旅游景区。上汤温泉旅游蓬勃

上汤界牌

上汤温泉特色小镇

发展，年接待游客 8 万人次，旅游年收入 300 余万元。

　　围绕特色资源，构建养生宜居生态圈。上汤乡原生品质的温泉丰富，富含对养生、养颜、理疗有益的硫、硒、氡等离子；上汤乡拥有深厚的历史文化底蕴，陶渊明、李自成等历史名人在上汤留有印迹，彭德怀元帅曾驻军上汤九宫山下，武宁县委、县苏维埃政府也于 1932 年底迁址于上汤小九宫，非物质文化遗产打鼓歌、花鼓灯等声明远扬。围绕上汤特色资源，政府着力构建养生宜居生态圈：修订集镇控制规划，注重旅游空间布局，注重乡土味，规范、管理好农民建房；依托丰富的红色文化、温泉等旅游资源，完善旅游配套设施，兴建游客集散中心，将上汤打造为集温泉、红色旅游、自然风光于一体的特色旅游风情小镇。

　　拉长产业链，形成旅游度假产业集群。温泉小镇开发了玫瑰花瓣、玫瑰精油、牛奶浴、香薰浴盐、泡泡浴、中华肾宝浴等特色温泉浴；温泉

上汤革命烈士纪念塔

食品、温泉饮品、温泉美容、温泉养生等丰富多样的衍生品，进一步丰富了上汤温泉养生小镇的旅游产品。发掘本土的中草药资源，在上汤乡梅溪村进行规模化种植，建设中草药基地，为药膳药材提供来源；对草药进行深加工，形成有代表性的温泉中医养生产品，把医疗资源整合起来，形成规模生产；结合温泉养生产业链，发展健康体检、调理疗养产业、养生地产等。

完善基础设施，打造生活配套的特色小镇。其一，在上汤乡集镇设置游客服务中心，内设游客接待中心、3A级旅游厕所、旅游扶贫特产超市；其二，小镇有上汤农家温泉主题街，全长240米，相继开发多处公共温泉浴室和情侣汤池以及多家从事温泉洗浴的农家旅馆，集游玩、购物、餐饮、休闲于一体；其三，设有"印象上汤"展览馆，分为绿色、古色、红色、蓝色四个展区，通过实物、照片、宣传画、宣传片等形式，全面展示了上汤多彩民俗民风和光荣革命传统，是武宁重要的爱国主义

印象上汤

教育基地；其四，保留上汤油榨坊，一家拥有100多年历史、保存完好的古老手工油榨坊，沿用火烤、石碾、水蒸、包饼、排榨、槌撞等最原始的榨油技法，游客可以实地亲身体验古法榨油的乐趣。

 案例点评

充分挖掘和利用地方特色旅游资源，发展特色旅游产品，形成错位竞争，将资源优势转化成经济优势是发展全域旅游的重要模式之一，也是将资源优势转化为经济优势，践行"绿水青山就是金山银山"的现实样本。甫田乡老虎帐以看得见的古村落为载体，以生活化的故事为依托，以乡愁为情感基础致力打造生态环境优美、乡土文化繁荣的特色旅游新村。在大健康产业发展的背景下，以"温泉康养"为导向的温泉小镇将是未来特色小镇可持续发展的主要方向之一。上汤镇依托丰富的高原品质温泉资源，红色文化资源以及传统手工榨油工艺，完善旅游配套设施，

着力打造集温泉、红色旅游、自然风光于一体的特色旅游风情小镇，融入全县"全域旅游"格局。

四、延伸产业链，百花齐放春满园

全面实施旅游业与农业、体育、大健康、文化等相关产业深度融合，不仅有利于实现旅游与其他产业的资源共享、要素渗透、业态耦合、市场叠加，提高资源配置效率；还可以丰富延伸旅游产业链，创造更多的融合型新产品，催生新业态，直接创造新价值，推动旅游产业转型升级。武宁以发展全域旅游为载体，坚持"旅游+"的发展理念，在促进旅游业与第一、第二、第三产业融合发展中，重点推进旅游新旧要素之间、不同业态之间的融合。一是拓宽旅游要素的外延，将商、养、学、闲、情、奇作为新的旅游要素，积极推进新要素与原有的吃、住、行、游、购、娱要素进行跨界融合，打造融合型旅游新产品。二是积极推进不同旅游业态的交叉融合，探索跨要素、跨行业、跨区域、跨时空融合旅游资源和延长旅游产业链的新模式，构建丰富旅游供给的立体式网状产业链。

案例 1　宋溪镇王埠花海：县城后花园，农民致富花

王埠村位于宋溪镇东南，曾先后被评为全国民主法制示范村、江西省文明村镇、九江市级党建示范点。王埠村转变思路，以全域旅游为抓手，探索发展乡村旅游，壮大村级集体经济，积极利用齐家省级示范中心村的基础优势，整合项目资金70多万元启动建设以"秋日赏花、农耕采摘"为主题规划的王埠花海项目，融合了四季花海、农耕文化园、亲子体验园、丰收采摘园等众多旅游业态元素。2018年11月一经推出即人气火爆，累计参观游玩人次达1.5万人以上，成为武宁县城的后花园，也是农民的致富花。2019年，王埠花海被认定为江西省3A级乡村旅游点。

潜心挖掘，跨业融合。为了丰富旅游内容，除了花海等观光旅游，景区内还设置了农耕文化园、红色记忆馆、趣味运动场、烧烤、特色小吃等项目，结合鲜花销售、婚纱摄影、花艺展示、农家乐、采摘游和特色农产品销售等，跨业融合极大地丰富了游客的游玩体验。2018年仅开放一个季度，通过婚纱摄影收取场地费和鲜花销售为村集体经济创收1.2万元。

资源整合，提档升级。为了提升游客的宜游宜居环境，王埠村把村部大楼建成

王埠七彩菊花

游客服务中心，为游客提供售票、咨询等服务。全村还以生态为本对村庄进行开发、整治及保护，改善村庄景观和环境，完善公共基础设施。将旅游资源整合利用，发挥"1+1>2"效应，整合王埠花海、甜果园、桂花谷等项目，并加大投入，对景区进行整体提升，打造

农耕文化园

了一个集游乐、休闲、采摘、亲子互动的综合型乡村旅游景区。

案例 2　新宁镇茶场社区：此中有真意，品茗话人生

　　新宁镇茶场社区前身是武宁县国营茶场，其生产的白鹤羽茗茶曾获江西省银奖，红茶获农业部铜奖以及"全国茶叶百强企业"称号。但是随着国营茶场改制，政策支持不再，茶园产量下降，茶叶品质下滑，老牌国营茶场逐渐走向没落。近年来，新宁镇坚持绿色发展理念，重新擦亮生态名片，重振茶场，并通过引入公司化

茗月湾生态茶场

运营模式使国营茶场转型扭亏为盈。2018 年，茶场社区被立为新农村建设示范点，在保留乡土气息、茶园文化的同时，发展体验式旅游产业，建设茗月湾、国营茶场记忆馆、茶文化活动中心、安泰红茶加工厂等旅游景点，提升茶场特色和茶叶知名度，以旅游产业拉动农村经济发展，取得了卓越的成效。如今有生态茶场 3100 亩，年加工茶叶 200 万斤，直接产生经济效益 1700 余万元。

清明时节采茶忙

市场化经营，形成全产业链开发格局。由茶场社区居委会牵头流转荒废的茶园地，集中进行茶园技改；引进武宁县安泰农林发展有限公司，将传统手工茶艺与现代化制茶技术相融合，推出特色茶叶品牌，在广东、福建等地计划设立销售区，打通线上、线下，实现从茶场到舌尖的无缝对接；通过对红茶、高山野茶等精深加工，延伸产业链、提升价值链、完善利益链，形成"茶园观光+采茶体验+茶叶加工+茶叶品鉴+茶叶营销"的全产业链开发格局。

创造扶贫岗位，拓宽贫困户增收渠道。安泰股份有限公司依托良好的茶叶资源优势，在党委、政府领导下成立扶贫车间，为茶场社区贫困户提供5个就业扶贫岗位，每个贫困户每月有2000余元收入，已实现了稳步脱贫；公司参加"一领办三参与"扶贫模式，共吸纳32户贫苦户参与分红入股，并在年底兜底保障不低于15%的分红，实现了"村有扶贫产业、户有增收门路"的目标。

修馆建场，体验和传承茶文化。国营茶场记忆馆是一项集展览、教育、旅游为一体的多元文化场所。馆内展示了国营茶场的历史变迁，共有展品168件。茶文化中心包含筑梦广场、茶场大舞台、手工茶作坊三个特色建筑，筑梦广场与茶场大舞台用于举办群众集体活动，演出茶艺表演、旗袍秀等茶文化活动，广场的石刻巧妙地将茶文化与廉文化融合在一起。手工茶作坊用以展示茶场传统手工制茶技艺，每年产茶之际，有专业制茶师傅在此制茶，游客可现场观摩或亲自参与制茶，增强体验感。

新宁镇茶文化记忆馆

茶场知青文化墙

案例3　重大赛事活动：体育搭台，旅游唱戏

武宁在推进全域旅游创建过程中，突出"康养、运动、休闲"三大主题，以大型体育赛事和项目建设为抓手，积极探索"体育+旅游"、"运动+休闲"的跨界融合、互促提升新路径。武宁除了推出以健身、时尚、新奇、科普为特点的体验型体育旅游项目；积极开发生态体育旅游，如健身登山、户外烧烤、帐篷营地、乡村农家乐旅游、健身绿道骑游系统等活动项目外；还大力开发特色体育赛事，被国家旅游局和国家体育总局联合授予"国家体育旅游精品赛事"的"环鄱阳湖国际自行车大赛"连续5年在武宁县举行分站赛事，成功举办了中国滑水巡回大奖赛和半程马拉松赛等一系列精品赛事，"体育搭台，旅游唱戏"的发展模式让武宁成为

第九届环鄱阳湖国际自行车大赛九江·武宁站

旅游休闲运动的胜地。

武宁飞乐航空飞行营地。项目总投资 1.2 亿元，占地面积 450 亩，是武宁"体育+旅游"融合发展的重点项目，主要用于体育赛事组织、策划，每年计划举办 3 个高级别国内外赛事，接待游客、观众 20 万人次以上。目前，营地有动力三角翼、热气球、动力伞、沙滩摩托车、快艇、皮划艇等项目体验及技术咨询服务，并规划

中国滑水巡回大赛·武宁站

引入集装箱酒店、房车营地、户外运动拓展等附属项目，是江西省唯一一家同时运营海、陆、空项目的综合性国家级航空飞行营地。2019 年 5 月，武宁飞乐航空飞行营地入选第三批航空飞行营地名单，成为国家级航空飞行营地。

西海网球中心训练基地。项目总投资 1.2 亿元，占地 115 亩，共有 20 片国际标准比赛场地，场馆集群设施齐全，功能多元，硬件配置达到承接高级别网球赛事标准。该中心由现任中国

飞乐运动项目体验

网球国家队教练夏嘉平和中国网球国青队教练唐光华担任主要负责人。目前已取得了江西省青少年网球训练基地及中国网球后备人才训练基地的授牌，填补武宁"国字号"运动项目的空白。2018年，成功承接了清华校友杯网球联赛、江西省青少年网球锦标赛、江西省网球教练员首期培训班及江西省网球裁判员培训班等活动。2019年，拓普嘉华国际网球学院正式落户武宁县，把全省的网球资源带到了武宁，随着全球清华之友网球联赛、江西省青少年网球锦标赛等一系列赛事的成功举办，网球正成为山水武宁体育文化城市的一张名片。

 案例点评

旅游与第一、第二、第三产业深度融合发展是产业发展的新趋势、产业演进的新模式、产业升级的新动能，也是提升生态旅游业、促进生态资源禀赋丰厚的地区实现生态产品价值的重要途径。宋溪镇王埠村转变思路，以全域旅游为抓手，有机耦合花海观赏、婚纱摄影、花艺展示、农家乐、农产品销售，探索出一条发展跨业融合的乡村旅游之路。新宁镇茶场社区是昔日的国营茶场，在茶场走向没落时引入安泰农林发展有限公司，公司化运营模式使国营茶场成功转型扭亏为盈，公司化运作不仅带来了技术创新，还带了市场思维，发展体验式茶旅游产业，以茶促旅、以旅强茶，促进三次产业融合发展。武宁在推进全域旅游创建过程中以大型体育赛事和项目建设为抓手，着力打造飞乐航空飞行营地、西海网球中心训练基地等核心项目，积极推动体育与旅游深度融合，使"体育＋旅游"成为全域旅游发展的新引擎。

五、健全康养圈，偷得浮生半日闲

民宿是旅游中居住和体验的衍生品，属于配套功能衍生型旅游发展模式。随着国家乡村振兴战略的实施，民宿经济作为乡村旅游业发展的重要载体和乡村振兴战略的重要抓手，成为农村产业融合发展的有效切入点。武宁从多个方面发展民宿经济，健全康养圈。一是高位推动，规范与扶持民宿经济发展。武宁明确民宿经济发展的总体目标、发展方向和年度工作重点，选择部分民宿或村局部区域（自然村）作为重中之重，进行深度文化挖掘和精品培育。二是顶层设计，规划和引导民宿错位竞争。武宁以旅游供给侧结构性改革为主线，按照"特色化、品质化、差异化、规模化发展"原则引导民宿发展；积极引导民宿经营户结合自身实际，找准市场定位，进行差异化主题定位。三是完善基础配套，提高民宿体验的品质、品位。对规划民宿集中发展区域的路网、水电、排污、卫生、通信等方面实行倾斜政策，统筹安排涉农领域的配套资金和建设项目，重点解决交通、停车场、标识标牌、游客服务中心等公共产品的配套问题。四是财政扶持，提升民宿服务品质和管理水平。2018年，全县财政投入大量旅游发展资金，主要用于创建和培育民宿特色村、民宿示范点，完善民宿周边景区和主要道路的服务体系，建设信息平台和宣传营销平台等方面。

在多主体的共同推动下，武宁县民宿呈现井喷式增长，截至2018年底全县发展民宿示范点13个，参与农户118家，年接待游客约5万人次，年产值约3亿元。其中罗坪镇悦山居主要依托千年红豆杉植物群落，整村打造集住宿、餐饮、养生养老、休闲娱乐等为一体的综合性乡村旅游基地。杨洲乡林云山居利用当地农耕文化资源，从整体到细节充分体现农村元素，将乡村闲置房子改造成精品民宿产业集群。宋溪橡子树野宿秉承保护自然生态平衡原则，打造惬意野宿，让游客用心感受大自然的美。

案例1　罗坪镇悦山居：静卧山居赏明月，坐看云起听鸟鸣

悦山居民宿核心区坐落于九岭山脉中段、武陵岩下的长水七里溪自然村，离罗

悦山居别致的木屋

坪集镇12公里，规划设计占地2万平方米，2018年3月开工建设，一期投资已达3000余万元。悦山居以森林康养为主线，依托长水村千年红豆杉植物群落，充分整合乡村民居资源，打造集住宿、餐饮、养生养老、休闲娱乐等多功能为一体的综合性乡村旅游基地。悦山居一期在2018年国庆试营业，已接待游客5000余人，产生经济效益30余万元。

精巧设计，独具匠心。悦山居已建成民宿木屋住宿区、户外拓展体验区、农特产品展销区、亲水区，设有棋牌室、乒乓球室、台球室、自助按摩休息室、静书吧、顶层观景台、停车场、星级旅游公厕等其他休闲娱乐配套设施。住宿区依山水

污水处理后的"清水养鱼"

而建，由大小21栋木屋别墅组成，采用的原材料都是从加拿大进口，经过环保处

理的木材，为了最大限度地保持原生态，每栋木屋都依不同的地势而建，有的地方要砌坎，有的地方要架桥，有的地方还会根据地貌不同锯掉屋角边缘。

以客为本，注重体验。游客出门即可林中探胜、溪边亲水，夏秋可山中采摘杨梅、猕猴桃，冬春可挖竹笋、采山茶、摘野菜；可以品尝石耳、板笋、土鸡等绿色天然食品经生产大队部食堂烹制而成的正宗农家菜。

污水处理，洁净环境。悦山居处于深山之中，污水难以接入所在村的污水处理管网集中进行处理，为了不让生活污水污染民宿发展所依赖的绿水青山，悦山居建立独立的污水处理系统，处理后的水质达到Ⅰ级B类排放标准，可直接排入溪中。为了验证污水的达标处理，悦山居用处理设施中排出的清水蓄养了观赏金鱼。

案例2 杨洲乡南屏村：林云山居催生民宿经济带

林云山居民宿位于九岭山国家森林公园和庐山西海之间的杨洲乡南屏村，半隐于山林，常年云雾萦绕，以颇似人间仙境而得名。林云山居民宿由一栋老式民房改建而成，改造后设有风格各异的高品质客房8间（节假日均价可达1000元/间），以及精品农俗文化主题餐厅、多功能KTV、书吧、茶座、大型私人游池等设施供游客免费体验。

林云山居民宿内景

民宿硬件精致化。林云山居精品民宿酒店在外部环境上充分地将品质生活与原生态相结合，老式农具展示墙依山而围，让悠久的农耕文化与新中式的装修风格进行融合；室内装修特地将每一个房间打造成不同的主题风格，有三生三世主题情侣房、日式榻榻米房、新中式家庭套房等。每一个房间都设有一套茶具，山泉水从破旧瓦罐间流出，沽沽入池，门前各式老式坛罐有序排列，让游客体验高山流水中的人生。

住宿内容多彩化。林云山居住宿内容丰富，有免费的乡村特色早餐、深山野蜂蜜、"杨洲十八菜"、深山野生茶、农家下午茶点、户外烧烤设备、亲子粮食画、石头艺术粘板、象棋、围棋、扑克牌、麻将机、私家泳池、水上麻将、水上排球、水上漂床、生态河抓鱼捞、KTV、超大屏影院，还可举行 20 个人的高层会议。

精品民宿示范化。林云山居的经营者除了在当地收购老式民房并投入改造，同时也想带动其他村民参与进来，打造精品民宿产业集群。一方面为想发展民宿的农户免费设计、免费指导；另一方面，对村民闲置的空房子改造经营，双方分成收入。为了完善民宿的娱乐配套设施，通过土地流转，利用杨洲乡优质的资源特色，着手打造一个突出复古色彩与民间风味相结合，集游园、农耕、游戏项目等一体的体验式娱乐项目。

案例 3　宋溪镇橡子树野宿：惬意栖居，拍不尽的美

橡子树野宿坐落于宋溪镇田东村锣鼓山，有 3 栋独立别墅，其中 2 栋分别是 2 间套房、1 个厨房及 1 个公共区域；1 栋有 4 间套房、1 个厨房及 1 个大公共区域；另有 1 套独立全湖景房。橡子树野宿一直坚守生态、环保的理念，无论在建筑改造还是作物种植都能够做到不打扰生态系统，保持自然生态平衡。

原生态的主体建筑，呈现侘寂美学的自然融合。橡子树野宿的主体建筑，主要采用赣北 20 世纪 50 年代夯土模式进行房屋改造，保留夯土吸热、隔音的功能，外墙用黄土、砾石等材料夯实而成，别具一格；室内的装修和家居都只采用残破的老木头、老家具进行创意加工，绝不使用油漆。在建设期间，坚守"不破坏表面植被、不硬化任何路面，只做去留法"原则，所有的原生草、灌木等，只做人为管控，保持自然生态平衡；污水做到不直接排放，以罐储、抽运方式解决；减少一次性物品的投入使用，控制垃圾的产生。

本土生态培植养护，感受拍不出的美。橡子树野宿，只有身临其中，才能用眼睛去感受它的景、看到它的美，这种美用照片或视频难以捕捉。虽然没有喧嚣的游

橡子树野宿外景图

乐场，但是夜晚客人可以打着手电带着孩子去发现各种蛙的不同；不施化肥、不打农药，橡子树里的蔬菜虽然长得不整齐，但是非常可口，客人们还可自己去采摘，然后和家人一起做饭。

案例点评

　　民宿经济作为旅游发展的配套功能衍生型产物，其发展潜力的深度挖掘，对于我国休闲旅游产业的高质量发展具有十分深远的意义。同时，民宿经济已成为打通绿水青山与金山银山双向转化通道的重要一环，是推动乡村振兴战略落实的重要途径之一。悦山居依托原始生态资源条件，非常注重游客的体验感，营造室内可挥毫泼墨，自娱自乐雅趣怡心，户外可举起相机，青山绿水尽收画中的情境，设置独立的污水处理系统消除民宿发展给生态环境带来的破坏，是保证生态资产不减少、不贬值的重要举措。林云山居利用杨洲乡优质的资源特色，带动村民一起发展民宿，着力打造精品民宿经济带，同时也在建设集游园、农耕、游戏项目等一体的体验式娱乐项目，为民宿提供支撑。橡子树野宿以生态环保理念贯穿民宿设计、建筑建设、生活体验、娱乐项目等全领域，打造原生态的栖居和游客体验。

第十章

工业渐挺脊梁　绿色经济展新姿

为落实绿色发展理念，工业和信息化部制订了《工业绿色发展规划（2016～2020年）》，要求到2020年，绿色发展理念成为工业全领域、全过程的普遍要求，工业绿色发展推进机制基本形成，绿色制造产业成为经济增长新引擎和国际竞争新优势，工业绿色发展整体水平显著提升。大力发展绿色工业，构建绿色制造体系，促进园区绿色发展，对加快推进生态文明建设具有重要意义。

近年来，武宁县委、县政府提出了"决战工业500亿元"的发展目标，加快构建低碳循环的绿色工业体系，大力推进新型工业质量变革，坚定不移工业高质量发展，形成以绿色光电为首位产业、大健康、矿产品深加工等为主攻产业的"1+3"产业发展新格局。同时，大力推行"工业+文化艺术"的发展新模式，加快产业融合推进全域旅游的发展。

自2018年以来，武宁聚焦首位产业，全面推动工业和开放型经济量质齐升发展，打开了高质量发展的新局面。首先，集中力量打造绿色园区，完善基础设施，使各产业在园区内集聚，提高绿色门槛，严格把守环保底线，如武宁工业园区。其次，做强首位产业绿色光电的同时，大健康产业、矿产品精深加工等主攻产业也得到了长足发展，如以技术创新引领的奥普照明成绿色光电的龙头企业。而在大健康产业方面，利用优越的生态资源，一方面吸引大企业进入如江西江中中药饮片有限公司和江西昂泰集团有限公司，另一方面自我培育健康产业，发展养蜂业、打造香榧康养小镇。最后，转变传统工业的发展思路，以"工业+文化""工业+旅游"的方式实现转型升级，如江西美丽达乐器有限公司和大洞乡的竹编工艺。2018年，全县规模以上工业企业实现主营业务收入341.2亿元，同比增长20.6%；工业增加值增幅8.9%；实现利润总额32.2亿元，增幅28%；工业固定资产投资增幅36.4%；工业增值税4.69亿元，增幅115.7%；工业用电量3.61亿千瓦时，增幅7.12%。

一、提高准入门槛，打造绿色园区

工业园区既是经济发展的引擎，同时也是资源能源消耗、工业污染排放的大户，工业园区已成为工业污染防治的主战场，绿色、低碳、循环、生态化发展是其唯一通路。近年来，武宁县委、县政府把环保理念融入和落实到发展新型工业的具体实践中，坚持生态建园，绿色招商，着力打造绿色生态工业园区。在绿色工业园区的开发建设中，武宁始终坚持"开发未动，环保先行"的原则，着力在产业升级上做加法，在污染排放上做减法，突出培育绿色光电、大健康及新兴产业。凡是环评不达标的项目一律不引进、不新建，凡是环保不达标的项目一律关停整改，整改不到位的一律关闭，把绿色生态作为发展的首要前提和生命线来抓，不断提高环境效益，最大限度地保护好、巩固好园区生态优势。武宁工业园区致力于建立中小企业社会化服务体系，为中小企业提供信息咨询、市场开拓、筹资融资、贷款担保、人才培训等服务，以"服务范围纵深发展，服务能力全面提升"为目标，采取政府主导、企业参与、平台共享、市场化运作的方式，进一步强化园区服务功能，提升园区品位，打造高效工业园区。

案例 武宁工业园：减排护绿、招商问绿、美化增绿

武宁工业园区位于县城东郊，滨临庐山西海，处于中部地区 4 个省会城市南昌、合肥、武汉、长沙的十字交汇地。在 2017 年度全省"两率一度"先进工业园区评选中，武宁工业园位列全省第 9 名、全市第 1 名；园区投入产出率、资源利用率和实际开发度三项指标，步入全市第一方阵。2018 年，武宁工业园区入选绿色园区，为九江全市唯一入选的工业园区。经过 10 多年的发展，园区共落户企业 266 家，形成了绿色光电、大健康、矿产精深加工等主导产业。自 2011 年以来，武宁工业园先后关停 47 家有污染的企业，工业园区实现了"零排放"。园区平台承载能力进一

江西省绿色光电产业基地

步加强，资源回收利用率增强，工业固体废物综合利用 98%，同比增长 3%，再生资源回收利用率达到 93%。

出台政策抢先机。为了积极落实"新工业十年行动"，武宁县委、县政府出台了《关于实施新工业十年行动的实施方案》、《关于全面抓好重大项目落实深入推进"新工业十年行动"的实施意见》、《关于武宁县落实市"重大项目落实年"工作的实施方案》等一系列文件，就如何推进新型工业进行全面部署，引导各项工作向新型工业聚焦，各方力量向新型工业集中，各种要素向新型工业汇集，全县上下形成大抓新型工业的强大合力。

"绿色门槛"优环境。园区以构筑绿色体系为发展目标，严格执行环保门槛，对入园企业实行环保一票否决制，坚决拒绝高污染、高耗能、不符合国家产业政策的项目入园，对污染重、能耗高项目实施"三不"政策，不立项、不引进、不批准，真正做到"招商问绿"。对于环评不达标的项目一律不引进、不新建，凡是环保不达标的项目一律关停整改，整改不到位的一律关闭。

夯实平台强基础。武宁把"创优服务环境，夯实发展平台"作为推进"新工业行动"的重要举措来实施，全方位升级优化，让环境产生生产力，释放出更多发展潜能。一是不断完善路网、管网、电网、绿化、污水处理、通信、消防、标准厂房等配套设施等同步建设，加大对园区山地景观、防护绿地的规划建设，做到对园区的"美化增绿"。二是完善武宁光电研究所、光电企业孵化中心、工业污水处理厂、物流中心、商务中心等一批基础平台项目，做到"减排护绿"。三是全面优化用地、用电、用工、融资、物流五大平台，完善园区商贸、交通、医疗、教育、住房等功能配套，解决企业生产、生活、生根问题。以"互联网+"为载体，搭建园区发展的公共信息服务平台和支撑体系，打造全省一流的"生态园区、绿色园区、智慧园区"。

招大引强促发展。武宁把招商引资作为经济发展的"头号工程"来抓，将绿色光电、绿色食品、大健康以及新兴产业等作为招商重点，突出自身优势"招大引强"，瞄准品牌企业"招名引优"，紧盯高新技术"招新引尖"，持续发力招引项目。一是强化招商队伍建设。武宁实行县领导包挂乡镇和县直部门组团工作机制，全县组成 20 个乡镇和 15 个县直招商团，包挂县领导对包挂单位提供招商宏观指导、重点项目走访、重要客商接待、项目协调推进等。二是创新招商模式，在引资引技引智上力求突破。不断健全信息网络，高标准建设"招商项目库、专报项目库、政策汇编库"，加强招商信息的收集、分析、整理，及时作出研判，重点谋划一批、精准招引一批龙头企业、"航母"项目和上下游配套项目，不断完善产业链条，加快形成集聚集群集约发展。

 案例点评

习近平总书记强调将绿色工业革命视为新的经济发展引擎，把环境约束转化为绿色机遇，加快制定绿色发展战略，用以指导经济转型升级并促进新兴产业发展，切实转变经济发展方式，实现产业结构升级，抢占未来世界市场竞争的制高点。武宁工业园区把绿色理念贯穿发展全过程，通过减排护"绿"、招商问"绿"、美化增"绿"等措施，大力推进绿色园区建设。同时出台政策规划、加大招商引资，加大环保门槛，限制污染企业进入，在保护环境的基础上促进工业绿色发展。

二、精准培优扶强，壮大主导产业

武宁依托资源优势和产业基础，坚持在保护中发展、在发展中保护，深入推进新兴产业倍增计划，紧盯国内外新兴产业发展前沿，加快推进绿色光电和大健康产业等新业态发展，突出扶优引强。在绿色光电产业方面，重点抓好由传统节能灯向LED照明及灯饰产业转型，稳步提升光电产业发展整体层次，积极招引光电龙头企业带动光电产业发展和升级改造，巩固全省20个省级工业示范产业集群的地位。加大电子商务和物流配送企业的招引力度，促进绿色光电产业完善大配套、构建大物流、着力打造中国"光电高地"、中部地区最大的灯饰产业基地。在大健康产业方面，按照"先集聚做氛围、后提升做质量"的理念，鼓励引导现有企业进行产品研发、技术创新、创建品牌；紧盯生物医药类大学、科研院所和龙头企业开展针对性招商活动，大力引进领军人才和领军企业。紧扣康、养、食主题，做实康养谷，培育新动能，着力对接引进高新医疗技术，开展中医养生、康复疗养、生活照护等医疗保健服务，力争把武宁打造成全国一流、世界知名的康养福地。

（一）绿色光电产业

武宁绿色光电产业集群立足于江西省西北地区，依托环鄱阳湖经济区，辐射长三角、珠三角和闽东南经济区。自2003年至今，武宁的绿色光电产业共经历集聚发展、跨越发展和转型升级三个阶段。在集聚发展阶段（2003~2008年），2003年第一家节能照明企业在武宁建厂，至2008年底，园区绿色光电产业完成了初始起步阶段，共有 32 家光电及配套企业落户。在跨越发展阶段（2008～2011 年），2011 年，光电及配套企业已达到 130 家，形成了从玻管、钨丝、芯柱、荧光粉、毛管、电子配件、整灯、包装等一整条较为完整的产业链，主导发展节能灯和 LED 灯作为两大板块，扩大高效节能灯生产规模，重点发展"整灯+封装"，产业集聚效应、带动效应逐步显现。在转型升级阶段（2012 年至今），绿色光电产业遵循做大总量、跨越发展、政策引导、市场推动、延伸链条、加快集聚、自主创新、推广应用、科学规划、绿色发展、开放创新、共赢发展六大原则，开始由集聚向集群发展，2018 年，武宁绿色光电及配套产业成为全省首批产值过百亿元的重要产业集群。

通过实施技术改造扩能、改造升级，实现了产业转型升级的新突破，武宁江西省节能灯产业基地更名为江西省绿色光电产业基地。绿色光电产业由小企业扎堆时代开始走向龙头企业引领时代，产业发展从单一的企业数量增长向品质效益提升方向转变。武宁正成为江西战略性新兴产业的杰出代言人，已经成功吸引了全国照明行业企业的目光。武宁光电企业总数达到 122 家，投产企业 91 家，产业配套率达 90%以上，实现主营业务收入 161.4 亿元，利税 19.4 亿元，同比分别增长 6.8%、7.8%，形成了从玻管到整灯、LED 灯较为完整的产业链。

案例 江西奥普照明：以技术创新领跑光电产业

江西奥普照明有限公司是武宁一家专业从事高品质照明产品制造的高新技术企业，公司在经营生产过程中积累了丰富的经验，形成了强大的自动化设备研发和改进、新产品研发能力，并占据了较高的市场占有率。江西奥普经过近十年的不断转型升级，已成为绿色光电产业中的龙头企业，先后成功通过了 ISO9001 质量管理体系、ISO14001 环境管理体系认证，并先后获得"江西省节能减排科技创新示范企业"、"江西名牌产品"、"九江市企业贡献奖"和"九江市市长质量奖"等 70 多项殊荣，获得多项自主研发专利和多项国际标准认证，产品得到海内外市场广泛认可，已列入市级第一批优化升级项目。

加大技术改造力度，加快转型升级步伐。受 LED 新型光源产品的冲击，传统的节能销售市场呈现总体下滑态势，为了提高企业的经济效益，奥普照明把引进新技术、新工艺、新设备作为推动企业转型升级的重要抓手，通过自主研发的专利使产品合格率大大提高，产能效益提升。

加大财力投入，采用先进技术。奥普照明还加快产业转型升级，在原有节能灯生产规模基础上，投入资金 1.5 亿元进行 LED-T8 玻璃直管生产。拥有 LED-T8 总装生产线 12 条和与之配套的 SMT、驱动生产线，年产日光灯管 8000 万支，形成了较为完整的产业链。采用国际行业最高标准和自主研发具有知识产权的流水生产技术，极大地提升了江西奥普在绿色光电行业中的生产能力和领跑地位。

加强专业技术合作，增加产业附加值。与飞利浦、德邦、雷士、欧司朗等国内外知名厂商建立了长期良好的合作关系。与大型跨国企业飞利浦共同开发的紧凑型半全螺式荧光灯管是目前国际上中高端节能灯市场的主流产品，年产半全螺节能灯毛管 1.6 亿支，约

江西奥普照明全自动生产车间

占全球同类产品总量的 70%，与科研院所开展合作，引进高层次专业人才，新增和改造自动化装配生产线。

 案例点评

习近平总书记强调要正确处理好经济发展同生态环境保护的关系，牢固树立保护生态环境就是保护生产力、改善生态环境就是发展生产力的理念。武宁县在新兴产业发展中积极打造绿色光电加工制造业，并且做好扶持建立健全好机制齐头并进，严格环保措施监管，使产业在加大就业机会，提高城市生产总值中保护了生态环境，节能减排为城市发展创造出巨大的社会价值。打造光电产业的龙头企业，奥普照明以提升产品质量为目标，重视品牌增值和质量管理，加大财力投入、专业合作提高科技创新能力，实现产业绿色升级。

（二）大健康产业

2016 年，习近平总书记强调经济要发展，健康要上去，人民的获得感、幸福感、安全感都离不开健康。在健康中国背景下，与大健康相关的产业已经进入蓬勃发展期，成为未来重要的经济增长点。武宁以优越的自然生态环境为支撑，出台了《2018 年大健康产业推进工作计划》、《关于鼓励外商投资大健康产业若干优惠政策的规定》等相关政策文件，加强医、药、养、游融合发展，全面布局大健康产业，重点培育以药为支撑的健康医药产业和以养为支撑的健康养生产业，着力打造全国

知名的大健康产业基地，力争成为最具影响力的康体养生养老中心和全国知名的医养结合示范县。2018 年，武宁入选全国十佳康养小城。

武宁大健康产业发展主要取得三大成效：一是健康食药类产业初具成形。大力发展药品、医疗器械、药包材、药用辅料、"中药材+"、特殊医学用途配方食品、保健食品、旅游食品、食品包材和食用辅料等生产型项目。现有企业 20 余家，门类较为齐全，医药产业的发展在九江市排名第一，其中药用胶囊生产在全国名列前 5；中药材人工种植基地 10 余个，江中饮片公司作为大健康龙头企业联合农户种植有上万亩中药材；中华蜜蜂之乡创建成果显著。二是健康医养和运动休闲产业效应凸显。依托良好的生态资源、丰富优质的温泉资源及中医医疗预防保健特色优势，成功引进香榧小镇康养建设、庐山西海山水菁华养生养老、长水中药谷等项目。三是规范化医疗及专业化医养结合服务体系日益完善。充分发挥中医医疗预防保健特色优势，引进国内外知名的医疗美容、知名医院、知名养生养老等服务机构，以诊疗康复、高端医疗美容疗养、中医养生保健老龄产业等为重点，大力培育本土医药公司，打造国内知名的医疗养生服务基地。武宁县城区有二级医院 3 家，各个乡镇都配有医疗卫生院，各医院均有中医康复理疗专科，大力推动规范化医疗及专业化医养结合服务，加快推动医养结合武宁品牌。

案例 1 江中饮片：沐古艾日月精华，饮山水武宁甘露

江西江中中药饮片有限公司于 2008 年在县工业园区正式成立，占地面积近 2 万平方米，其中中药饮片生产车间 6100 平方米。公司成立之初，便树立了"厚德尚质、传承惟新"的理念，坚守"精益传承，创新发展"，按照 GMP 的要求，江中饮片从采购到验收、从炮制能力到仓储条件层层把关，保证产品质量。2013 年，入选为中国中药协会中药饮片专业委员会副理事长单位，2014 年，入选为江西

江西江中中药饮片有限公司生产车间

药理协会常务理事长单位和副秘书长单位，同时参与了深圳中药标准同盟成员单位、参与江西省中药材制定的标准。2019 年，江西江中中药饮片有限公司获得武宁县首批 A 级纳税信用等级用户的光荣称号。拥有专利 13 项，参加了国际和国家标准的"中药编码标准"起草制定工作，承担国家重点研发计划（2017YFC1702903）课题任务；荣获 2018 中医药国际贡献奖——科技进步奖二等奖，参与研究的"江西樟帮、建昌帮中药饮片炮制关键技术传承与应用研究"荣获省科技进步三等奖；被树立为江西省唯一一家中药饮片生产管理示范企业，被评为全国科技型中小企业，享有九江市优秀企业称号。江西江中中药饮片有限公司励志做"三放心"的良心药，目标是打造百年老店，关键是真正视质量为生命，切实建立完善、严格、科学的质量标准体系和质量管控体系。

贯彻一个管理理念。坚守"厚德尚质、传承唯新"的理念，以生产"让老祖宗放心、让老中医放心、让老百姓放心"的"三放心"中药饮片为质量目标，始终坚持以传承为手段，以创新为动力，实施全面质量管理，以规范化生产工艺为抓手，不断努力提高产品质量。

公司中药饮片产品

培养一支人才队伍。一是聘请经验丰富的老药工，也邀请省内外专家传经送宝。二是根据岗位需要和员工职业规划，把员工派出去参观学习。三是致力于给员工搭建学习成长的平台。

建立一套质量管理体系。江中饮片利用 4 次 GMP 证书认证的准备和验收工作，以符合企业和中药饮片行业特点为目标，先后 5 次系统地、全面地对 GMP 文件体系进行修订、完善。公司依据《中药编码规则及编码》建立了中药饮片质量追溯体系，使产品做到来源可溯、去向可查、责任可究。并与产地农户签订长期供销协议，对原料供应商实行产品质量信用管理机制，把质量管理延伸到山间田头。

添置一系列设施设备。普通中药饮片生产车间、毒性中药饮片生产车间、净化车间和仓库等按照规范进行建设，实验室配置全自动电位滴定仪、紫外分光光度计、薄层扫描仪、高效液相色谱仪、蒸发光散射检测器、气相色谱仪、原子吸收分光光度计等一批高科技精密检测化验仪器。公司起步即严格遵循 GMP 要求，探索从道地药材采购到原料验收入库，从饮片加工炮制到成品检验放行的全过程，采用科学检测手段，严把每个质量控制点，建设了面积达到 1500 平方米的常年保持10℃的低温库，进一步确保药材和饮片得到最佳储存条件。

承担一系列科研课题。江中饮片先后主持、参与国家级、省级多项课题的研究。公司还积极投身标准化行动，参与了国际和国家标准的"中药编码标准"起草制定工作。建立了市级企业技术中心和中药炮制工程技术研究中心两大研发平台。

案例 2　江西昂泰集团有限公司：小药丸里有大健康

江西昂泰公司始创于 1987 年 1 月，已经成长为集胶囊生产、医药制造和药品销售为一体的大型龙头企业，是集空心胶囊与药品的研发、生产、销售以及医药经营为一体的民营企业，是全国知名胶囊十强企业之一、全国胶囊行业协会副会长单位。2014 年，公司生产胶囊、制药总产值首次超过 2 亿元，上缴税收 600 多万元。2015 年，新增 6 条生产线可生产胶囊 120 亿粒，产值 1.6 亿元，为社会公益事业和光彩事业捐款 300 多万元。多次荣获国家、省、市、县"守合同重信用企业"、"纳税先进企业"、"特级诚信企业"、"先进民营企业"和"全省民营科技创新企业"等荣誉称号。基于武宁优越的自然环境和产业政策，不断加大科研力度，实现了植物提纯的跨越发展。

昂泰公司

坚持诚信为魂，高度重视产品质量和承诺信誉。公司加强对员工的质量意识教育和 GMP/GSP 知识培训，强化质检部门和队伍的建设。严把质检工作环节，从原料购进到入库、从生产过程到产品终端检测，做到不合格原料不进入生产车间、不合格产品不进入成品仓库。公司注册的"昂泰"商标被认定为江西省著名商标，公司连续被评为"全国守合同重信用企业"、"江西省守合同重信用 3A 企业"。

积极响应号召，大力发展生物制药产业。昂泰公司在县工业园投资建设昂泰生物制药新项目，投资总额为 3.2 亿元，占地面积 105 亩，建筑面积 8.5 万平方米，并于 2014 年 4 月完成了昂泰几家子公司的整体"退城入园"工作。新建了中药提取、口服固体制剂和外

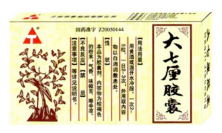

昂泰公司生产大七厘胶囊

用制剂三个生产车间，改变了原来中药提取外包加工、口服制剂与外用制剂共用车间生产的历史，推动企业扩大产业规模，加快技术升级，提高了市场竞争力。

昂泰公司获奖证书

坚持自主创新路线，提高产品竞争力。昂泰公司加大创新投入，着力提高生产技术含量，提升产品的市场竞争力。首先，聘请专业人士作为顾问以及加强与美国公司合作，成立了生物制药研发中心；其次，在生产过程中，与省外知名企业合作研制出新一代空心胶囊自动生产线的冷却系统和风干系统，获得了国家实用型专利授权。

案例 3　武宁养蜂：中华蜜蜂之乡的甜蜜事业

武宁县养蜂历史悠久，蜜源植物丰富，在山区随处可见原始立式蜂桶饲养的中蜂蜂群。借助优良的自然生态环境，使蜜蜂成为农民的摇钱树。2017～2020 年，武宁县力争将蜂群发展到 6 万箱，届时蜂蜜年产量将超过 2000 吨，蜂业总产值可突破 1 亿元，力争引进蜂产品深加工企业 3～5 家。2016 年，武宁被中华养蜂协会授予"中华蜜蜂之乡"的称号；同时，新宁镇、罗坪镇、宋溪镇、醴溪镇等多个乡镇 10 个标准化中蜂养殖示范场，被列为全省高效优质养蜂示范区。

加强产业扶持，创造本土品牌。为了帮助蜂农更好

武宁蜂蜜养殖分布图

地增收致富，武宁出台了《武宁县加快养蜂产业发展实施意见》，累计发放扶持资金159万元，并注册了"蜜言"等蜂产品商标，大大促进了养蜂业发展。

蜂农在割蜜

加强外来合作，打造蜂蜜之乡。依托中国养蜂学会的技术、人才、信息及知名度等优势，广泛开展蜜源资源开发、蜜蜂养殖技术、蜂产品深加工等各方面的合作交流，共建蜜蜂养殖及蜂产品生产技术成果推广基地、高效高产蜜蜂养殖示范基地和蜂产品标准化生产加工示范基地。同时，武宁还将把蜜蜂产业与优良的生态资源、蓬勃发展的旅游产业相结合，充分利用"中华蜜蜂之乡"品牌，促进甜蜜事业上台阶。

武宁土蜂蜜

创新发展模式，带动村民脱贫致富。建立健全"公司+专业合作社+农户"的发展模式，推进养蜂业产业化经营。截至2018年，武宁有蜂群3.5万箱，养蜂户1000多户，成立了武宁蜂业协会，发展了11家养蜂专业合作社，1家蜂产业加工企业，15家蜂产品购销经营户，年产蜂蜜700吨，年产值达5000多万元。

案例4 泉口香榧小镇：巴茅山上果飘香，千年贡品成共品

香榧是中国最具特色的珍稀健康干果和木本油料树种，树龄可达千年，经济和生态效益俱佳。香榧树是本草纲目中唯一记载的千年药食植物，其果实是坚果中的奢饰品；每亩香榧林年均吸收二氧化碳24吨，并产生碳排放价值1440元。成年后的香榧树干通直、材质致密，是极佳的绿化观赏树种，其树体根系发达，蓄水效果好，规模种植更有利于保持水土。

泉口香榧小镇是武宁香榧产业的发源地，拥有江西省面积最大、数量最多的香榧林。2018年6月开始落地建设，由青庐集团斥资10亿元打造，总占地面积达2万亩，已流转6000多亩香榧林。依托最美小城武宁独特的山水优势，全方位打造生态宜居、绿色康养的独特生态小镇，把生产、生活、生态融合发展，提升区域经济发展水平，实现把游客请进来，把产品走出去的双重功效。在产业园内的公益林积极开展林下经济，种植高档药材灵芝、铁皮石斛等，使香榧小镇的千亩香榧生态康养产业园不仅能较好地解决当地劳动力就业问题，还能把闲置的山林土地流转起来变成活的资本，进一步带动农民致富。

香榧小镇的香榧林

在发展定位上，香榧小镇以健康生态旅游为主要定位，以一山一水一林为核心内涵，以"文化+产业+旅游+生活"为发展形式，依托独特自然环境和丰富的香榧资源，集医疗康养、运动健身、绿色生态观光、文化创意体验、国际交流平台于一体。

香榧果

在发展模式上，采取"森林+养生"的方式，融合种植业、加工制造业和乡村旅游业，打造"森林游憩、四季赏花、生态体验、康体养老、休闲养生、山地运动的医养结合区。采用无痕迹设计理念，配套精品民居、木屋民宿、农家四合院等，保留当地农村自然风情，实现把"游客请进来，把产品走出去"的双重功效。同时开展集中医健康监测、咨询评估、养生调养、跟踪管理、康复护理、健身娱乐、心理疏导于一体的中医特色服务。

在运营模式上，开发采用政府主导、企业化运作模式，以青庐集团为建设主体，形成企业化、市场化的运营模式和整体开发建设机制。政府在小镇入口建设大型引导宣传牌4块，企业也积极向各类媒体投稿宣传香榧小镇项目，并制作香榧小镇宣传片在腾讯视频等主流媒体上投放传播，致力打造香榧小镇

无人机喷灌

逐渐成为武宁健康休闲度假村、健康产业聚集区和高端健康老人疗养区。

案例点评

大健康产业作为一个跨行业、跨领域的新兴产业，已是未来重要的经济增长点。武宁在构建绿色生态经济中，从规划、资金等政策方面大力鼓励发展大健康产业。也因为具有优越的气候、土壤等自然条件，在开辟医、药、养、游新天地中尽占天时、地利、人和，具有许多不可复制的优势。江中饮片有限公司立志于打造百年老店，重视产品的质量，利用高科技设备、技术，并全程监控生产过程。不仅如此，也重视人才队伍的建设既聘用老药工，又把新员工"送出去"。公司积极参与科研课题的研究，并建设技术研究中心，使自己的科技创新能力增强。武宁凭借优越的自然资源禀赋和政策支持使江西昂泰深深地扎根于此，昂泰自身又重视诚信建设，坚持走自主创新之路。作为中华蜂蜜之乡，武宁也积极开展与外部的合作，加大品牌创新，发展合作社联合公司和农户的模式打造武宁特色食品产业。香榧小镇通过外来投资的方式，基于"森林+养生"的模式把医疗健康、养老养生、食品加工结合起来，实现第一、第二、第三产业的融合发展。武宁因为生态环境优势吸引大健康产业进入，而这些环保产业的进入，不仅可以保护环境，还可以增加税收、解决城乡就业问题，并且带动相关产业的发展，最大限度地实现了生态产品的价值。

三、植入文艺因子，助力提档升级

武宁县政府在2018年出台了《关于加快产业融合推进全域旅游发展的意见》（武府办发〔2018〕24号），力争到2022年建成观光工厂项目或工业旅游示范基

地。武宁经济在近年来取得辉煌的成就，是全力聚焦产业、建设生态、创作"工业+旅游"、"工业+文化"文章为支撑的结果。基于产业链上文化创意产业与制造业互为需求、协同发展的关系，文化产业与制造业的融合发展不仅成为文化产业发展的新引擎，还成为制造业等传统产业转型升级的重要路径。

案例1　江西美丽达乐器有限公司：研、产、销、演的交响乐

江西美丽达乐器有限公司是2018年武宁开展园区"盘活存量攻坚年"活动的成功代表，是一家产品设计理念新、自主研发水平高、市场占有率领先同行的国内知名专业吉他制造企业。美丽达乐器项目总投资5.6亿元，整体收购兼并原天赐太阳能有限公司全部厂房。公司年产吉他9万余把，达产达标后年产值达1亿元以上，年纳税额达1500万元以上，为国内众

工人正在制作吉他

多艺术家提供定制吉他，受到广泛好评。

龙头企业引入上下游企业，形成吉他产业集群。由于美丽达吉他的原材料来源和主要销售地都不在武宁，属于"两头在外"的产业，能积极引导上下游配套企业落户，形成新的产业集群；美丽达吉他属于乐器制造龙头企业，通过向音乐教育产业链延伸，打造音乐艺术教育综合服务平台，形成内容、渠道和互联网平台一体化的教育体系，实现从吉他制造企业向音乐艺术服务运营商以及综合服务运营商的转型。

举办文化艺术音乐节，形成区域品牌式宣传。武宁通过支持特色吉他文化产业发展，丰富吉他文化延展，提升吉他在大众心目中的形象，助力区域品牌文化名片打造。在2019年9月12~15日举办第一届吉他中国（武宁）国际木吉他文化艺术节，将集合表演、比赛、大师班、制作交流、吉他工厂参观等一系列主题活动。

美丽达的吉他产品展区

案例2 大洞乡竹编工艺：自然之美，尽在纵横之间

大洞乡森林覆盖率达76%，活立木蓄积量25万立方米，拥有丰富的竹木资源。

大洞乡竹编工艺

在出口不振、生产要素成本不断上涨、劳动力短缺的压力下，制造业正在进行转型升级的重新洗牌。除了用科技革新提高制造效率与品质外，另一条重要途径是以文化创意主动适应、激发、引导市场需求，通过"文化创意+传统工业产品"，拓展并完善研发设计和品牌营销提升产品的附加值，实现制造业的转型升级。大洞乡政府立足于本地特色设立竹编产业半成品加工扶贫车间，就近吸纳贫困户就业，进行竹制品初加工，年生产规模可以达到成品50万件，年产值5000万元，年税收达300万元，尽享自然之美。

立足软性制造，建设生态品牌引领区。大洞乡竹编制造业正从传统的标准化、大众化、规模化的一般制造向个性化、定制化、服务化的软性制造过渡。结合当前市场需求，大洞乡竹编产业进行创新创作，提供极具地方特色的旅游产品。

立足培训优势，建设竹编绿色减贫引领区。大洞乡积极组织开展竹编技能培训，由工业园区企业对竹编工艺进行定向培训，

大洞乡竹编工艺品

并且明确培训时长为7~10天共56~80课时。竹编制造业能够带动就业、创业、助贫致富，让地方群众，特别是残疾人、妇女等群体实现灵活居家就业，使人均增收1500元/月。

案例点评

　　做好"工业+旅游""工业+文化"文章是武宁打造文化之城、塑造自己文化形象、丰富文化内涵的一项重要举措。美丽达乐器有限公司，通过带动上下游使吉他这种传统制造业从工业产品制造企业向行业综合服务运营商转型，而木吉他文化艺术节不仅为武宁打造了一张文化名片，提高了知名度，更重要的是能够吸引一批游客进入，带动武宁旅游业的发展。武宁在吉他的弦拨音乐声中慢慢提升着自身的文化品位，文化武宁正以自己的独特音乐魅力吸引着越来越多的吉他人来此寻梦。大洞乡把自己传统的手工业制造品向个性化、定制化、服务化的"软性制造"过渡，提高自身产品附加值。加大对于村民的竹编工艺培训，既能促进竹编产业的发展又能提高村民收入。武宁在发展制造业时把竹编工艺与传统文化结合的同时也与现代技术、流行趋势、流行文化结合，把吉他制造与音乐结合、与吉他文化结合，在创造工业价值的同时也发展了旅游业带动经济增长。传统工业产品和传统制造业企业与艺术品销售结合，树立"旅游+"理念，走农旅、工旅结合的路子，使旅游增加了看点，产品拓宽了销路。

第十一章

农业"接二连三"　乡村振兴闯新路

党的十九大首次提出乡村振兴战略，并把它列为决胜全面建成小康社会需要坚定实施的七大战略之一。大力推进生态农业建设，发展现代生态农业对乡村振兴意义重大。生态农业是一个农业生态经济复合系统，既是农、林、牧、副、渔各业综合起来的大农业，又是农业种植、养殖、加工、销售、旅游的综合体，适应市场经济发展的现代农业，属于农业发展的新型模式。

武宁按照生态产业化、产业生态化的理念，结合国家产业政策，慎重选择了生态农业作为支撑武宁绿色崛起的"四根台柱子"之一。武宁以五大发展理念为引领，以绿色生态农业"十大行动"为抓手，加快转变农业发展方式，连通第二和第三产业，创新发展绿色生态基地，做大做强绿色生态产业，积极开发绿色生态产品，加快创建绿色生态品牌，全面建设绿色生态家园，大力倡导绿色生态制度，打造出具有武宁特色的绿色生态农业样板，走出一条产业高效、产品安全、资源节约、环境良好的现代农业发展道路。

一是开展绿色农业进行产业扶贫。利用果业、茶叶、蔬菜、药材、畜禽养殖、油茶产业进行精准扶贫，大力推广"一领办三参与"产业扶贫模式，规范建设产业扶贫基地，大力开展扶贫产品"八进八销"活动，以销促产推动产业发展。二是培育新型农业经营主体。通过培育壮大家庭农场、农民专业合作社、农业龙头企业等新型农业经营主体，加快"一村一品"建设工作，重点培育市场潜力大、发展前景好的家庭农场、农民专业合作社、农业龙头企业。三是发展智慧农业，科技兴农。鼓励和引导龙头企业、合作社建立健全农产品营销网络。大力推进"互联网+农产品"发展，建设农村e邮站和益农信息社，推进农产品线上销售，打通农户与现代农业发展衔接渠道。推广"众筹农业""手上农庄"等农业发展新业态，创新农业发展模式。四是优化产业布局。按照"一核四园"产业发展格局，以"两茶两水三花"（油茶、茶叶、优质水果、水产品，荷花、菊花、玫瑰花）、林下经济和休闲农业等特色产业为重点，着力推动农业产业化示范带和田园综合体建设。

武宁已建有农业产业化国家级龙头企业1家、省级龙头企业4家、市级龙头企业26家，创建国家级示范社4家、省级示范社16家、省级示范家庭农场5家。在此基础上，成功申报"三品一标"品牌认证56个，其中绿色2个、有机13个、著名商标5个、名牌农产品1个、知名商标11个。

一、发展优质生态农业，加快绿色兴农步伐

武宁通过大力发展绿色生态农业、延伸农业产业链以及创新农业管理模式等途径，农业农村工作取得飞速进展，绿色生态农业更是成为扶贫产业中的新亮点。按照《江西省"十三五"产业精准扶贫规划》的产业布局，制订了《武宁县特色农业产业精准扶贫规划》和《武宁县特色农业产业精准扶贫实施方案》，全县农业扶贫产业有果业、茶叶、蔬菜、药材、畜禽养殖、油茶等。其中就有罗溪乡的油茶扶贫基地、澧溪镇牌楼村的莲子扶贫基地以及船滩镇莲塘村的"虾稻共养"基地。农业产业扶贫，已产生明显成效。一是种植业推进明显，现已完成57983.1亩种植业扶贫规模，其中，油茶24827亩、水果6236亩、茶叶7457亩、蔬菜10898亩、中药材3334亩等。二是养殖业初现规模，现已完成5563头生猪、905头牛、1927只羊、62100万羽鸡鸭、6326箱蜜蜂、淡水养殖1972亩规模养殖。三是培训覆盖贫困户，仅2018年，贫困户接受技能培训惠及2061人。四是电商扶贫正铺开，已建成电商点79个。实现了扶贫产业覆盖贫困户达100%的覆盖率，贫困村实现村有集体经济达100%。

案例1　罗溪乡油茶基地：油纯量高滴滴香，人勤春早家家富

2015年，武宁结合生态文明先行示范区建设，确立了以发展油茶为主导的产业扶贫思路，县里专门出台了《油茶产业发展精准扶贫实施方案》。罗溪乡为确实落实好油茶产业精准扶贫工作，结合实际，经相关村民代表大会研究讨论决定，在贫困户自愿的基础上，对本村无劳力、无山场的油茶种植贫困户，由村油茶产业种植理事会集中种植，全乡共落实集中种植点5个，涉及贫困82户、205人，落实种植面积207亩。油茶集中种植点采取由"贫困户负担整地、购苗、种植及抚育资金；理事会负责日常管理、资金核算、聘请技术指导；村委会负责山场流转、场地租金、成本收集"的模式开展；同时，借鉴绿如意油茶种植有限公司在罗溪乡种植油茶的成功经验，经核算前期平整土地投入成本为615元/亩，后期购买苗木、种植油茶、抚育管理（集中管理3年）资金为480元/亩，贫困户在油茶种植工作中可纯收益905元/亩。

多种模式并举，帮助贫困户种植油茶。罗溪乡油茶产业精准扶贫的发展模式主要有三种：一是帮助贫困农户充分利用荒山、荒坡、荒地和房前屋后空余地种植油

油茶扶贫基地

茶。二是村、组搭平台,协助流转土地集中连片种植。针对无地、无劳动能力的贫困户,由村组出面协调,将集体的河滩地、山场以及荒芜田地流转给贫困户,并由村组统一组织挖山整地,以减少前期投资成本。三是利用增减挂土地种植油茶。建设用地需要占用的耕地指标需要通过旧房屋、废弃厂矿等复垦来完成,以达到耕地的占补平衡,罗溪乡政府帮助村民在复垦的土地上种植油茶。

设置扶贫专项资金,提高贫困户种植积极性。罗溪乡坚持油茶扶持政策精准滴灌到每一贫困户。针对油茶产业的投入和产出比,制订出台实施方案,设立产业扶贫专项资金,按照 2000 元/亩的标准进行奖补,引导建档立卡贫困户大力发展油茶产业。坚持油茶产业发展奖补资金直接打入"建档立卡"贫困农户"一卡通"存折,确保了奖补资金的专款专用,安全运行。

"四统一分",科学管理油茶产业扶贫。坚持用 GPS 测量验收油茶种植面积,保证了油茶面积结果的准确性;坚持推行"四统一分"的经营原则,即统一整地质量标准、统一供苗栽植、统一技术标准、统一组织验收和分户管理的模式发展油茶产业,实现了科学管理与发挥贫困户积极性的有机结合。

"三个到位",确保油茶产业扶贫工作质量。一是政策宣传到位,项目实施以来,罗溪乡油茶产业发展领导小组通过召开乡、村、组动员大会和技术培训班,强化对发展油茶产业的政策宣传。二是技术服务到位,为确保油茶种植的规范化和成活率,罗溪乡多次举办油茶高产栽培技术培训班,全体油茶种植贫困户全程采用九江绿如意油茶种植有限公司在罗溪乡油茶种植模式,并聘请九江绿如意油茶种植有限公司技术人员全程指导。三是项目督查到位,乡领导小组定期抓调度推进,加大对油茶产业发展推进精准扶贫工作的督查指导。

案例 2　澧溪镇牌楼村白莲基地：白莲子熟了，钱袋子鼓了

牌楼村地处澧溪镇东大门，距离集镇 5 公里，全村辖 13 个村民小组，常住人口 1453 人。因土地分散、生产管理困难，招商引资难度大，属于典型的集体经济薄弱村，全村有贫困户 37 户 127 人，大多因缺少资金、技术、门路而未耕种，陷入贫困。为了带动贫困户脱贫，牌楼村"两委"研究决定，由村党支部牵头，把党员骨干和贫困户组织起来成立白莲专业种植合作社，种植太空 30 号优质白莲。牌楼村将"党建+"与精准扶贫有机结合打出了"莲田扶贫+扶勤扶智"的"组合拳"，用白莲种植的"大手"拉起贫困户的"小手"，有效地增强贫困户的造血功能，形成了党支部作用增强和集体经济发展增加、合作社增效和贫困户增收、秀美乡村建设和全域旅游发展的多赢局面。

牌楼村下洋塅莲田鸟瞰图

推行"党支部+合作社+贫困户"模式。村"两委"成员多次赴兄弟县市考察后，筹资 15 万元，将村里分散抛荒的土地流转起来，组织党员骨干和 17 户贫困户成立白莲专业种植合作社，种植太空 30 号优质白莲 84 亩，同时积极发展干莲子、莲心茶、荷叶茶、葛根加工等深加工产业。17 户贫困户通过资金入股分红的方式参与合作社，项目资金共分成 100 股，每股 1500 元，村集体占 60 股，17 户贫困户占 40 股，第一年的收益作为股本，之后莲田的收益全部归贫困户所得。2017 年实现村集体增加收入 10.2 万元，17 户贫困户增收 6.8 万元。

形成"种植产业+生态旅游"模式。莲花的观赏和莲子的采摘所带来的旅游内容是牌楼村发展生态旅游的根本，而旅游资源与莲结合则是将村里的莲子产业扶贫打造的亮点。合作社在现有的基础上继续投入资金，扩种150亩白莲种植面积，同时将筹集资金进行基地绿化、景观建设，使基地成为集观赏、住宿、餐饮为一体的休闲观光基地。既吸引了游客观光、体验，也为贫困户提供更多的就业机会，带动更多群众致富。

贫困户在筛检莲子

开展"白+黑"销售模式。在鲜莲大量上市的季节，镇村干部在宣传推介游客采摘的同时，也积极出谋划策开启了"白+黑"的销售模式，白天组织党员群众到集镇中心、县城菜场进行分点销售，晚上召开党员群众座谈会，征集大家意见，积极寻找商家、水果店、超市进行合作，实现统一销售，拓宽莲子销售渠道，提升了村民种植荷花脱贫致富的信心。

案例3 船滩镇莲塘村虾稻共养：种好稻、养好虾、富了农

莲塘村"虾稻共养"产业扶贫基地是驻村帮扶单位县交通运输局与船滩镇党委、政府共同引进并实施的产业扶贫基地。该基地位于船滩镇莲塘村源流自然村，总规划面积400亩，主要养殖小龙虾和种植无公害稻米。2018年，基地收获小龙虾1万公斤、无公害稻谷6500公斤，产值63万元，纯利润21万元。46户贫困户分红13440元，实现了当年投入、当年收

虾稻共养基地

益。莲塘村发展稻虾共作立体生态循环种养实现了"用水不费水、用地不占地、一水两用、一地双收"的经济效益和生态效益，符合绿色发展的生态理念，推动了农业可持续发展。

采用"一领办三参与"的模式。莲塘村虾稻共养产业扶贫基地采取能人领办合作社，贫困户入股分红的模式建设，由莲塘村引进的种养大户王涛领办，成立了武宁县莲塘种养专业合作社。合作社把莲塘村的 46 户贫困户全部纳入，贫困户可以通过现金、劳动力、田地的方式入股到合作社。基地不仅优先聘请贫困户到基地务工，而且贫困户还将获得相应分红增加经济收入。

源流牌虾稻米

打造"一站式"产业服务体系。通过虾稻共养立体式无公害养殖，打造小龙虾、无公害稻米的种植、包装、运输、销售"一站式"产业服务体系，延长了产业链条。虾稻共用稻田，利用稻田的浅水环境，辅以人为措施，既种稻又养虾，以废补缺、互利助生、实现稻田养虾、虾养稻的良性循环。莲塘村上下齐动员，内引外联，重点招商，培育市场，采取多种形式帮助基地销售，逐步形成了一定的市场影响力，吸引了一大批农业企业入驻。基地生产的源流牌无公害虾稻米完成了包装设计和销售，深受消费者喜爱。

 案例点评

农业产业扶贫就是要充分利用良好的气候和水资源等自然条件，因地制宜地选好产业进行生产，带动周边农民发家致富，真正使老百姓受益，这也是实现生态产品价值转换的一种好模式。罗溪乡充分利用优越的地理条件和种植油茶的历史习惯，用好用活县里的产业政策，引导农民种植优质高产新品种，抓好老油茶林垦复，提高油茶种植效益，推进了精准扶贫。牌楼村把党员骨干和贫困户组织起来成立白莲专业合作社，将"党建+"与精准扶贫有机结合打出了"莲田扶贫+扶勤扶智"的"组合拳"，带动贫困户增收脱贫，探索出了一条党建引领、富民强村的绿色发展之路。莲塘村虾稻共养项目区实行"党建+公司+贫困户"模式，贫困户集资入股，党员结对帮扶，采用"一领办三参与"的模式实现了"用水不费水、用地不占地、一水两用、一地双收"的经济效益和生态效益。

二、培育新型经营主体，加快质量兴农步伐

党的十八大报告明确提出，要坚持和完善农村基本经营制度，依法维护农民土地承包经营权、宅基地使用权、集体收益分配权，壮大集体经济实力，发展农民专业合作和股份合作，培育新型经营主体，发展多种形式规模经营，构建集约化、专业化、组织化、社会化相结合的新型农业经营体系。为了充分发挥新型农业经营主体规模化经营对现代农业发展的"助推器"作用，武宁在充分尊重和保障农户生产经营主体地位的基础上，积极搭建土地流转交易平台，切实加大扶持力度，有效地促进了新型农业经营主体的快速健康发展。武宁培育农民专业合作社483户，家庭农场184家，种养大户425户。

鼓励和支持大学毕业生、返乡农民工、个体工商户等投身农业创业，培育一批特色产业协会、农民合作社和农产品经纪人；鼓励和支持村集体创办合作社，发展村集体经济，增加农民收入；鼓励龙头企业、农民合作社和家庭农场等新型农业经营主体组建农业产业化联合体。深入开展示范社创建活动，建设一批组织机构健全、内部管理民主、财务核算规范、运行机制完善、利益分配合理、经营规模大、带动能力强的示范合作社，每个乡镇要确保创建1个示范合作社。大力培养一批新型职业农民，围绕农业产业发展举办各类种植、养殖技术培训班，农民专业合作社、专业技术协会、龙头企业等主体承担培训，着力打造一支懂技术、善营销、敢创新的农业经营者队伍。鼓励引导工商资本参与发展现代农业，进入产前、产后环节，把农村生产领域更多地留给农户。

（一）家庭农场

家庭农场是以家庭成员为主要劳动力，从事农业规模化、集约化、商品化生产经营，并以农业收入为家庭主要收入来源的新型农业经营主体。家庭农场以追求效益最大化为目标，使农业由保障功能向盈利功能转变，克服了自给自足的小农经济弊端，商品化程度高，能为社会提供更多、更丰富的农产品。

案例　甫田乡农益家庭农场：稻花香里的生态经

甫田乡农益家庭农场创办于 2013 年，原县组织部副部长王南义，怀着对乡土的浓浓眷恋，流转了甫田乡外湖村与烟港村浊水源村 200 多亩抛荒多年的山垅田种植有机水稻，用有机水稻打好生态牌，经过 4 年的种植实践，已初步探索出了一条山区垅田种植有机水稻的新模式。2015~2016 年，农场有机稻谷、有机大米通过中绿华夏有机食品认证中心认证，有机大米已注册了"老作户"牌产品商标，2016 年，与江西广瑞实业有限公司签订长期合作协议，该农场大米全部归该公司收购。当年，农场生产有机大米 3 万多公斤，取得了较好的经济效益和社会效益。

农益家庭农场集中育秧

开荒复垦，恢复基本生产条件。农场流转的水田，分布在长约 5 公里的山垅，原有村民外迁多年，土地废弃严重，原有的生产设施基本毁损殆尽。农场接手后先对已长满了柴草、山竹、芭茅的水田进行了开垦、修复。在有关部门的大力支持下，共修复山塘 2 处，简易道路 5 公里，堰坝 5 处，渠道 1500 米，水泥晒坪 1500 平方米，新建仓库 160 平方米。

积极探索，完善一套有机水稻生产新模式。在有机水稻种植实践中，农场严格按照农业部相关操作规范指导，除土地耕整、秧苗栽插、水稻收割三个环节采用机械作业外，在良种选育、育秧方式、土壤培肥、中耕除草和病虫防治等各个环节严格采用有机生态的操作方式进行。

加大宣传，做强做响有机大米品牌。武宁除甫田乡农益有机农场试种有机大米外，罗溪乡、石门楼镇也有两家在少量试种。农益家庭农场在各级政府和有关部门的大力扶持下，以取得有机认证的有机大米为基础，组建庐

杜绝除草剂人工耘禾

山西海有机米业公司。以该企业为龙头，借助"生态文明先行示范县"的金字招牌，充分利用各种宣传渠道，做好产品宣传和营销工作，做强、做响有机大米品牌。

（二）农业专业合作社

农民专业合作社是以农村家庭承包经营为基础，通过提供农产品的销售、加工、运输、贮藏以及与农业生产经营有关的技术、信息等服务来实现成员互助目的的组织。农民合作社是农业实现规范化、专业化、产业化和集约化发展的重要组织形式，是国家支持和保护农业体系的重要途径，也是政府对农场经济进行调控，对农业实施有效管理的关键之举。例如，江美果业专业合作社、悠仙生态农业产业园通过合作社形式发展生态农业，带动农民致富。

案例1 江美果业专业合作社：艺术活化山水，合作带富农民

江美果业合作社是江西美术专修学院与横路乡南坑村二组联合创办的企业，坐落在横路乡东面的南坑村，这里空气清新、气候宜人，阳光充足，昼夜温差大，非常适宜水果种植。江美生态果园项目由江美果业专业合作社投资建设，是一个集种植、养殖、加工、生态旅游为一体的大型农业观光项目，也是江西美术专修学院的校办美术教学写生基地。该果园已种植葡萄、沃柑、红心猕猴桃、杨梅、桃、李、柿、枇杷、红柚、莓、樱桃、火龙果等各类水果17种，占地1000余亩。现年产值达200万元，年接待游客近万人次。

调整种植产业结构，带动农民致富。着眼于水果产业，建立了具有一定规模、科技含量较高、水果品质全国优良、经济效益较好的果业基地。在江美合作社的带动下，当地贫困区群众利用荒田荒坡调整种植产业结构，解决农村部分剩余劳动力的就业，增加农民的收入和农业产值，促进贫困区经济发展。

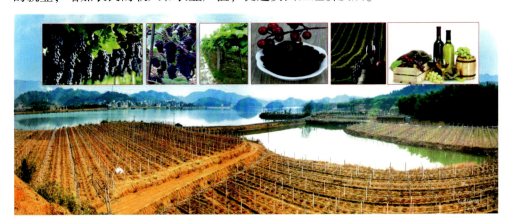

江美果园远景及部分产品

围绕学院艺术教学，打造教育基地。着眼于教育产业，用艺术活化山水，建立艺术教学写生基地和岗前业务培训的教育基地。江西美术专修学院的老师和学生每年都会去合作社教学写生，并开展主题为"走出教材、走出教室，亲近自然"的户外课堂活动，鼓励学生在劳动中挖掘和感悟大自然的艺术魅力。

着眼旅游产业，建设生态旅游基地。发展旅游产业，致力于建成一个果香四溢、艺术课堂的生态"旅游基地"。于2016年兴建江美园山庄，面积5000平方米，有住宿床位30余个，餐饮大小包间6个，接待能力在200人以上，同时还配备了贵宾接待室、会议培训室，可安排小型酒宴、同学聚会等活动场所。

果农采摘水果

案例2　悠仙生态农业产业园："党建+"引领产业脱贫的样板园

悠仙生态农业产业园位于罗坪镇漾都村与洞坪村交界处，是由邵公华和齐新喜两位返乡创业人士创办的农旅融合项目。项目占地1000亩，总投资1亿元，每年产值可达1500万元，吸纳周边100多个劳动力长期就业，年用工量可达1.5万个。悠仙生态产业园在加强自身建设的过程中，一直以扶贫为己任，主动向贫困户传授苗木、果木种植技术，12名贫困群众通过务工，在现场学习了栽培技术。依托产业园的技术和销售渠道成立专业合作社，使30名贫困户成为股东。该合作社促进了镇村产业化发展，拓宽了贫困群众的稳定增收致富渠道。

党员示范，为群众作表率。基地建设前期，周边党员带头把自己的土地流转给农庄，为群众作了表率，同时积极配合协助支部做好基地与农户间思想沟通工作，顺利完成基地土地流转。基地设置了党员示范岗，以工作能力强、责任意识强、奉献精神强三个"强"让党员上岗亮相，成为示范，5名有技术、有责任心、能吃苦的党员顺利与基地签订长期的劳动合同。

能人领办，拓宽乡民致富渠道。创办人邵公华和齐新喜都是返乡创业人员，本

悠仙农业产业园产业分布

身具备极强的苗木、果木种植培育技术，同时农庄引进苗木初级种植技术人才4人，引进初级管理人才4名，弥补了农村产业基地建设人才不足的问题。基地主动向农户传授种植技术，漾都、洞坪、长水等村已有38户农户通过到产业园务工，现场学习基本掌握了金果梨、连心果栽培技术，一部分准备依托产业园的技术和销售渠道发展金果梨和连心果等产业，进一步拓宽了农民增收致富渠道。

农民参与，两种渠道促增收。一是吸引建档立卡贫困户和农民务工。在项目建设过程中，年劳务用工5000个以上，年支付劳务工资70余万元，其中聘用贫困人口1000余个，支付贫困人口工资15万元。项目竣工后，年用工1.5万个，可安排100多个劳动力长年就业，年支付人工工资约200万元，预计至少可安排30个贫困人口长期就业。二是项目用地帮助农民增收。项目流转荒山荒坡荒地1000亩，通过土地流转漾都村22组村民每年可得土地流转金4万元，年人均土地流转收入可达300余元。同时，也解决了当地田地无人种、耕地撂荒的问题。

（三）农业龙头企业

农业龙头企业是以农产品加工或流通为主，通过各种利益联结机制与农户相联系，带动农户进入市场，使农产品生产、加工、销售有机结合、相互促进，在规模和经营指标上达到规定标准并经政府有关部门认定的企业。农业龙头企业充分利用企业现有的资源去对接好农民、市场、产品、技术、资本，扩大当地的农业生产规模，对其他企业具有一定的影响力和号召力，为该地区、行业乃至国家做出突出贡献。例如，江西省新光山水开发有限公司自成立以来，大力发展林果、水产和休闲农业、生态旅游业等绿色产业，带动农户科技致富；江西仙姑寨牧业有限公司利用荒山、荒地进行有机肉牛的养殖，成为江西省首家肉牛认证品牌；西海韵皇菊农业综合开发有限公司带动村民参与种植，产生示范效应。

案例1　新光山水开发公司：打造"全国十佳"现代田园综合体

江西省新光山水公司成立于1997年9月，是以返乡创业人士叶志军为董事长的江西新光实业集团的农业开发项目。1997年9月新光山水公司在武宁租赁了70年使用权的山水3万余亩，投资亿余元进行开发。自成立以来，紧紧依托山水资源优势，以增产增效为目标，以技改扩能为主导，大力发展林果、水产和休闲农业、生态旅游业等绿色产业，并带动农户科技致富，取得了显著成效。公司拥有中草药材、果木园林、水产、农业生态旅游4家公司实体。注册资金2950万元。固定员工146人，季节工510人。拥有十大产业基地。随着不断建设发展，该公司已成为江西省乃至全国最具典型的农旅结合、以农促旅、以旅强农相结合的示范样板。

新光山庄远景

无公害水果种植，培育无公害农产品。建设了杨梅、大五号枇杷、猕猴桃生态产业基地，实施推广太阳能光伏诱虫等农林病虫害防治和无公害栽培技术，建立了抽检和自检相结合的农产品质量安全检测网络，完善了重大植物疫病应急防控机制和生态环境动态监测网络。实现无公害农产品市场占有率达80%以上，农产品农药残留达标率100%，农林病虫害综合防治率达90%。公司产品枇杷经农业部论证为"无公害农产品"，杨梅论证为"绿色食品"。

药用枳壳基地

中草药材种植，建立森林食品基地。种植以枳壳（酸橙）为主产品的中药材，将种植基地选在武宁宋溪镇大坪村，承包土地1200亩，是江南最大的中药材生产基地，种植枳壳3.3万株，套种黄栀枝1.8万株。总价值49900万元。该基地紧紧依托周边良好的自然生态环境，以江西省林科院枳壳高产高效规范化种植技术成果为支撑，采取中试示范与生产性试验相结合方式，建立了核心示范区，形成了以企业为主体，产、学、研相结合的科技推广体系。枳壳基地于2014年9月被评为江西省首批森林食品基地。

无公害水产养殖，打造健康养殖示范场。在庐山西海水面拦网养鱼2万余亩，建立了5个库湾养殖分场，出产的淡水鲜活鱼质优味美，远销广东、福建、上海等地。产品草鱼、鳙鱼经农业部论证为"无公害农产品"。该水产健康养殖基地既是产业基地，又是旅游体验的休闲园区。2011年，被评为全国水产健康养殖示范场。

发展生态旅游，打造现代生态农业园。一是建立新光山庄，山庄内包括新光宾馆、旅游码头、休闲库湾等设施和景点，已形成了一个集住宿、餐饮、休闲、娱乐、游园、采果、游湖于一体的现代田园综合体。

"绿色食品"杨梅

二是围绕新光山庄配套设立三百园。百果园种植了26个系列，116个名、特、优水果品种；百花园栽植了100余种花卉；百树园有天然树木和植物100余种。

案例2 江西仙姑寨牧业有限公司："牛气冲天"的有机养殖

江西省仙姑寨牧业有限公司位于武宁县横路乡，占地3000多亩，拥有专业的有机肉牛养殖繁育基地、实验室、智慧中心和专门的培训会场。公司有存栏母牛近200头、肉牛500多头，先后注册了"桃花牛"、"仙姑寨"、"桃花鱼"、"犇倌牛厨"等十几个品牌，其中，"桃花牛"获得国家颁发的有机产品认证证书，成为江西省首家有机肉牛认证品牌，也是全国获得此有机认证的仅有4家养牛企业之一。

利用荒山养牛、荒地种草，创新好模式。仙姑寨公司创新地采用山地养殖新型模式，不仅可以高效利用荒山荒地养牛，降低土地成本，还可将横路乡丰富的芭茅加工成富有营养的饲料，低成本地解决了养牛大量使用饲料的问题，而且杜绝了饲料中生长激素、抗生素的使用，保证牛肉质量。该公司结合南方现代草地畜牧业发展项目，在横路乡流转连片荒田荒地1000亩，种植桂牧一号象草，并进行草料加工、打包、储存，可同时解决仅用芭茅造成粗蛋白不够以及冬季缺少草料的问题。

多元化利用养殖废弃物，营造好环境。仙姑寨公司倡导可持续循环经济商业模式，在牛场实施干湿分离、净污分道，通过牛粪养殖蚯蚓，再用蚯蚓养殖禽畜、蚯蚓粪肥田；多余的牛粪制成生物燃料；牛尿替代化肥农药种植有机蔬菜；污水经多级生物过滤后浇灌草木和蔬菜，实现种养结合、生态循环，取得良好的经济效益和生态效益。

仙姑寨牧业草场

成立养殖合作社，引领好示范。仙姑寨公司成立养殖合作社，带领周边群众致富，通过统一供种、统一防治、统一回收、统一销售的合作模式，解决了群众的后顾之忧，加入合作社的农户越来越多，形成了良好的示范效应。

　　结合大数据和互联网，打造好品牌。仙姑寨公司利用智能摄像头、电子牛项圈、自动测体仪等先进设备和智能化管理手段，科学记录肉牛成长，通过数据库整理分析，适时调整饲养配方，提高养殖效率。创建仙姑寨生态农场平台，通过"互联网+"展现有机肉牛养殖全过程，实现线上平台销售新模式。据统计，目前"桃花牛"三斤装礼盒在平台月销量达 2000 盒以上，产品畅销珠三角以及香港、澳门等地。

案例3　西海韵皇菊农业开发公司："企业+农户"让皇菊变黄金

　　西海韵农业综合开发有限公司位于武宁县官莲乡山坪村，是一家集有机、绿色农产品种植、特色养殖、有机食品加工销售于一体的高端农业综合开发公司。西海韵皇菊农业综合开项目不仅种植品种齐全，而且以"公司+合作社+农户"的模式带动村民积极参与种植，产生示范效应，加上科学规范的管理，实现了皇菊变黄金。以一村一特色，一业

西海韵皇菊

一品牌为发展思想，利用产业兴旺带动乡村振兴，从而实现农业强、农民富、农村美的第一、第二、第三产业融合发展的共赢目标。

　　发展"公司+合作社+农户"模式，带动农民共同致富。在官莲乡、东林乡、罗溪乡 3 个乡共流转土地 1000 余亩，发展皇菊种植业，以"公司+合作社+农户"的模式，带动村民积极参与有机皇菊和富硒皇菊的品牌种植。该合作社实行"合作社加基地带农户连市场"的经营管理模式，农户在基地务工，种植皇菊，合作社连接市场，可使生产成本低于同行业 20%，带动农户 50 余

西海韵皇菊观赏品荐会

人就业，其中贫困户就有 20 人，真正实现带动群众共同致富、共同发展。

实现"五个统一"，规范管理模式。在种植过程中做到统一技术培训，以提高村民的科学种植水平；统一供种供肥，以降低种植成本；统一测土配方，以提高单产，并改良土壤；统一机械作业，实行同耕同种同管理，减少劳动力投入；统一签订购销合同，降低交易费用，提高销售价格。"五个统一"规范管理降低了生产销售成本，解决了种植技术难题，延长了产业链条，提升了产品知名度，消除了产品销售顾虑，增强了公司的抗风险能力。

推行"赏景+品茶+观演"，创新菊花销售模式。为了让皇菊更好地销售出去，该公司在山坪村举办了第一届官莲乡西海韵皇菊观赏品荐会，皇菊满地，香气袭人，入口回甘。品鉴会将品菊花茶与文艺表演相结合，让群众在品尝皇菊茶的同时，还观赏了太极表演、环保秀、狮子舞等文艺演出。

案例点评

走中国特色生态农业现代化道路，要切实按照习近平总书记的要求，把培育新型农业经营主体、发展现代生态农业作为实现生态产品价值转换的路径。努力把我国农业打造成为强势产业。武宁一部分种田能手将那些离土离农的农村人口承包土地的经营权流转过来，扩大经营规模，实现适度经营，打造家庭农场。以土地流转为发展基础的农民土地股份合作社组织取代农民自产自销的传统产销模式，把分散弱小的农户结成了利益共同体，有效地提高了农业生产组织化程度，提高了抵御市场风险能力，产生了明显的效应。产业关联大、科技含量高、带动能力强的农业龙头企业，与农户形成了各种利益联结机制，使农产品生产、加工、销售有机结合、相互促进。农业龙头企业的带动效应凸显，成为武宁县现代农业发展的动力源和产业培植的"加速器"。

三、有效利用网络信息，加快科技兴农步伐

2016年中央一号文件指出，大力推进"互联网+"现代农业，应用物联网、云计算、大数据、移动互联等现代信息技术，推动农业全产业链改造升级。"互联网+"代表着现代农业发展的新方向、新趋势，也为转变农业发展方式提供了新路径、新方法。智慧农业就是用先进的信息技术和互联网的思维来改造传统农业，解决好生产经营中面临的问题，实现农业信息化、农业现代化的超越性发展，缩短城乡之间

的数字鸿沟。

武宁紧紧抓住"互联网+"这个牛鼻子，以市场需求为导向，推动农业转型升级。引导新型生产经营主体、农产品龙头企业、休闲农庄等发展农业电子商务。例如，江西手上农庄农业科技有限公司通过互联网打造城里人的私家菜园。武宁正从多方面发展智慧农业，一是已建好武宁县益农社农产品电商运营中心，该中心坐落于沙田新区鳌鱼商业广场商铺，展厅面积183.6平方米，办公区116.8平方米，合计面积300.4平方米；建设益农社79家，其中乡镇中心益农信息社20家、村级益农信息社59家（含贫困村）。二是举办"互联网+"现代农业行动讲座，省农产品运营中心亲自授课，将极大地提升全县农产品运营中心运营带动能力，为益农信息社对接为农服务资源、破解农产品上行、实现信息精准下达。例如，清江乡正是通过"互联网+农业"拓宽水果销售渠道。三是在县城鸿泰小区、鸿安小区等14个小区开展"互联网+"助力农产品出山进城活动，为社区提供有品质的农产品。

案例1　江西手上农庄：打造城里人的私家菜园

江西手上农庄农业科技有限公司是一家向城市消费者提供农村土地租赁服务的农业科技公司。2018年，"90后"创业人叶志高经过市场调研，利用大洞乡彭坪

江西手上农庄农业科技有限公司

村良好的土地资源优势，和村里另外 2 名"90 后"青年一起创办了这家智慧农业公司。他们把村里的土地流转过来，划分成若干区块租赁给大城市里的客户，然后

手上农庄

根据客户需求种植相应品种的蔬菜，并通过摄像头和手机 APP 让客户实时参与蔬菜种植的全过程，打造城里人的私家菜园。独特的经营模式使公司 3 个月就发展了 200 多个稳定客户。手上农庄既满足了城市消费者吃上放心蔬菜的愿望，又助力乡村脱贫攻坚，开启了城市消费者享受绿色生态农业和贫困户增收的"双赢"模式。

依托自然山水，打造原生农庄。彭坪村虽然地处偏远，但地势高、空气好，山清水秀，土地肥沃，发展绿色生态农业得天独厚。手上农庄以绿色、天然、有机为种植根本，邀请农学院专家提供技术指导，雇用贫困劳动力按照客户要求定制种植，给每一位客户一个原生农庄。

安装远程监控，让客户放心无忧。农庄安装高清摄像头 24 小时远程监控，客户可以通过手机 APP 随时查看自己租赁土地上农作物的生长情况，发布浇水、施肥等指令，公司员工按照客户的要求进行操作，打造城里人的私家菜园。

坚持源头抓起，保障食品安全。随着社会的发展，人民的生活素质普遍提高，对于食品健康的要求也越来越高。城市客户以每月 15 元/平方米（10 平方米起租）的价格租赁土地，选择自己想种养的果蔬及家禽。15 元包含人工服务费和所在城市物流费，而且从采摘到送达不会超过 12 小时，让客户种植的农产品做到真正意义上的中间商"零差价""零损耗"。

组织农耕文化活动，体验农家生活。手上农庄每月会组织一次农耕文化体验活动，如吃鸡节、帐篷节等让客户切实感受到农耕文化的魅力，体验农家生活的惬意。

客户认领的蔬菜地

家长可以趁此机会向孩子科普各种蔬菜瓜果的名称，传授摘菜的技巧，培养他们对土地的热爱以及爱惜粮食、呵护生命的好品质。

案例2　清江乡农业电商："互联网+"让水果插上腾飞的翅膀

清江乡依托良好的生态资源大力发展精品水果产业种植，打造了罗洞生态农业产业园、塘里"百果园"、晏头蓝莓基地、车下水栀子基地、龙石猕猴桃、红叶石楠苗木基地等水果种植基地，全乡种植葡萄、杨梅、蓝莓等水果达6000余亩。围绕葡萄、杨梅、蓝莓等优质水果，乡党委政府提出了放心水果理念，全面提升清江水果的品质和品牌。建成了全县第一个生态水果酵素厂，对蓝莓、葡萄、杨梅等水果酵素进行研发和生产，打造名副其实的水果之乡。在水果小镇建设发展过程中，清江乡党委、政府始终瞄准市场来激发经济活力，积极引导果农依托淘宝等电商平台，推广"互联网+特色水果"，引导果农"触网"，通过基地直销、网络营销、微信促销等方式，拓宽销售渠道，直接销量杨梅、蓝莓、

清江水果网络销售前装箱

葡萄等水果达3万余公斤，网络销售收入达数百万元。

整合各类资源，建立健全水果网络营销平台。通过整合区域资源，建设农村e邮站和益农信息社。依托邮政在农村丰富的线下渠道改造建设"农村e邮"站点，网销水果和当地的其他农产品，同时也为村民开展网购服务、金融服务、便民服务等业务。益农信息社培训和代替果农或种植大户等主体在淘宝等电子商务平台上销售当地水果或其他农产品，出售休闲农业旅游、水果采摘预订服务，发布各类供应消息，解决当地果农渠道窄，销售水果难的问题。

依托智能手机优势，开展微信营销。清江乡果农借助微信这一社交软件，通过

直接联系或者发朋友圈的方式，向关注的潜在用户推广各类水果的有关信息，吸引那些潜在客户下单变成真正的客户，并进一步通过微信平台完成后续的发货、确认收货等工作。果农根据客户的特点将有关的营销信息进行重点推送，起到了很好的营销效果。

多角度打造"农产品"价值链，提升水果生态价值。依托益农信息社，免费为创业者提供开设网站、电商相关实用技能辅导培训，帮助村民实现电商创业就业。多措并举维护果农和消费者权益，构建信用保障体系，化解电商"信任危机"；深度挖掘清江乡水果特色，整合城乡资源，打造清江水果之乡的品牌，通过美化设计宣传，提升水果附加值。

 案例点评

智慧农业是打通绿水青山变为金山银山的通道，是实现生态产品价值转换的路径。智慧农业不能简单地理解为让农业变智能而已，更要注重农业资源的循环利用以及农业生态环境保护与农业可持续发展，唯有这样，智慧农业才能更生态，才能更具有生命力，才能带动农民发家致富。江西手上农庄推出的触网订单种植销售模式，充分利用彭坪村的生态优势，结合农业休闲观光，不断拓宽优质农产品"走出去"渠道，努力让农业更强、农村更美、农民更富。清江乡积极引导果农依托淘宝等电商平台，推广"互联网+特色水果"，引导果农"触网"，通过电商平台、微信促销等方式拓宽水果销售渠道，使清江成为名副其实的水果之乡。

第十二章

理念引领方向　生态文化谱新篇

习近平总书记在全国生态环境保护大会上强调，加快建立健全以生态价值观念为准则的生态文化体系，把生态文化体系建设摆在了生态文明建设的突出位置。生态文化体系建设是生态产品价值实现的重要路径之一。生态文化建设有利于实现生产产品的高产出和环境的低污染，达到经济发展和环境保护的"双赢"目的，实现人与自然的和谐发展。

生态文化体系的构建离不开生态文化的培育和传承以及生态文化产业的发展。在生态文化培育和传承方面，大力弘扬生态文化教育，开展生态文化教育"四进"（进机关、进学校、进社区、进家庭）活动。从机关干部、学校师生、社区居民、家庭成员等全方位、立体式宣传和培育生态文化，提高了全民的生态环保意识。在生态文化产业发展方面，将生态文化产业与文化创意产业融合发展，制定出台了《关于加快文化创意产业发展的实施方案》，依托文化展览馆、历史文化景区，推动生态文化产业高质量发展。建立非遗传习所，将打鼓歌、采茶戏等与文化旅游相结合，推动传统民间文化的保护、继承与融合发展。

武宁以生态文化资源优势和实际需求为基础，以全面提高人的生态文明素质和产业的生态友好水平为核心，推动文化事业和文化创意产业繁荣发展，不断满足人民群众日益增长的精神文化需要，着力打造"生态武宁、休闲之都"的城市形象，服务"宜居宜业宜游山水武宁"战略，把武宁建成具有鲜明时代特色和地域特色的生态文化大县，并取得了显著成绩，先后获得"全国文明小城镇示范县"、"全国文化先进县"、"全国精神文明建设先进县"等荣誉称号。

一、厚植生态文化，引领生态文明新风尚

习近平总书记指出，加强生态文明建设，就要把建设美丽中国转化为全体人民的自觉行动，要尽快建立生态意识教育和宣传体系，全面提高公众生态意识，在全社会牢固树立生态文明观念。武宁依托深厚的生态文化底蕴，联合各单位扎实推进传统生态文化的培育与传承，开展生态文化教育"四进"活动，不断培育生态文明主流价值观，绿色生产生活消费理念，使生态文化广泛渗透到机关、学校、社区、家庭等领域，从而达成生态共识，进一步推进生态文明建设。

案例1 机关走在前，绿色办公我带头

武宁县直机关扎实有效地开展生态文化教育进机关活动。生态文明教育覆盖全县科级干部培训，并且成立省委党校绿色生态教学基地，定期组织党员干部、群众代表集中学习生态文明理论知识与实践经验，使全体机关干部牢固树立"绿水青山就是金山银山"的理念，确保学习宣传内化于心，外化于行。

全县生态文明干部学习培训会

统一思想认识，强化责任意识。要求各基层党组织深化对生态文明建设重要性认识，将生态文明建设作为党支部建设一项重要内容，加强党对生态文明建设的领导，把生态文明建设摆在各机关工作的突出地位，自觉把思想和行动统一到党中央关于生态文明建设决策部署上来，坚决扛起生态文明建设的政治责任，将加强生态文明建设的各项举措落到实处。

学习宣讲，提升理论水平。全县各机关单位积极利用中心组学习会、全体干部职工大会、党支部党员活动日宣讲习近平生态文明思想，确保入脑入心。同时，结合各机关单位工作实际，开展研究讨论，将习近平生态文明思想落实到具体的工作、学习、生活中。

运用网络新媒体，营造良好氛围。全县各机关单位利用单位微信群、QQ群发布学习内容，通过LED显示屏投放宣传标语，提高全体干部职工自主学习的动力，营造良好的宣传学习氛围。

转变环保理念，打造低碳型、节约型机关。在全县机关单位中大力倡导低碳生活方式，大力宣传低碳理念，营造低碳氛围。号召所有机关党员干部树立低碳生活和生态环保的理念；坚持节约用电，节约办公耗材，大力提倡双面用纸、复印纸的再利用，努力实现无纸化办公，用实际行动打造节约型机关。

案例2　生态进课堂，绿色文化始于幼

建设生态文明学校是全新的理念，是宏伟的目标，是长期的工作任务。县教体局从组织领导、监督考核、宣传发动等方面深入开展。在组织领导上，统一思想认识，高度重视生态文明学校创建工作，成立了武宁县教体局生态文明先行示范区建设领导小组；在监督考核上，召开了全县各级各类学校校长会，组织学习相关文件精神，并将其纳入年终考核；在宣传发动上，对生态文明学校创建活动中涌现出的先进单位、先进教师、优秀学生要加强宣传、大力表彰。

加强生态文明宣传教育，增强师生生态文明理念。一是积极开展学校生态文明读本的开发，开设生态文明建设的地方性课程，将生态文明纳入研究性学习。二是各学校积极参加校内外组织的生态文明报告、讲座、研讨。三是各学校充分利用校务会、主题班会、国旗下的讲话等教育平台和校报、宣传栏、校园网络、校园广播等宣传媒介开展生态文明教育，引导学生争当环保小卫士。四是发起师生集体签名、宣誓活动，全县各学校通过校长动员、优秀队员宣读倡议、师生表态发言等形

6·5世界环境日

式宣传生态文明建设的重要性和必要性。

开展社会实践活动，强化师生生态文明意识。一是争创绿色学校，引导全县各级各类学校加大创建力度。二是全县各学校积极开展社会实践活动，把课堂延伸到大自然，让广大学生了解大自然、认识大自然、热爱大自然。三是各学校利用地球日、环境日、植树节等纪念日，组织广大师生走进武宁的街道、社区、乡村，参与护绿、保绿、节能、节水宣传。四是各学校团委、少先队深入开展"五个一"活动，引导学生积极参与生态环保实践活动。五是依托家校共建平台，开展"小手拉大手，家校齐努力"活动，通过学生向家长发起"节能低碳行动"倡议，让生态文明意识走进武宁的每一个家庭。

加强学校绿色生态建设，营造良好的育人环境。一是加强绿色生态校园建设工程，通过绿地、树林、雕塑等有机连接，加强校园的绿化美化净化。二是加强校园文化建设，拓展校园文化内涵。三是举行"生态文明教育基地"授牌仪式，把校园作为生态文明教育的主阵地，着力建设一批内涵丰富、特色鲜明的生态文明教育基地。

案例 3　社区传理念，绿色生活靠大家

为了更加广泛地培育生态文明理念，增强居民的生态意识、环境保护意识，同时也让居民群众享受生态环境保护的"红利"，积极开展生态文化教育进社区活动，如建立功德银行；大力修建公共活动场所，完善居民娱乐设施，如清江乡生态文化广场；鲁溪镇梅颜村打造现实版"桃源"，使"诗与远方"触手可及，生态文明观念深入人心。

巾口乡上畈村幸福功德银行作为九江市第一家幸福功德银行，是以秀美乡村和文明创建为依托，参照银行管理体制，以

巾口乡上畈村在进行兑换积分登记

"存入功德，支取幸福"为宗旨，通过将每一件好人好事以积分制记入功德银行，量化、评比、表彰村民的文明行为，通过积分换算成"功德币"换取相应的志愿服务，以鼓励人心向善、见贤思齐，引导乡风文明。

清江乡生态文化广场位于清江政府大院前，修河清江段南面。广场遵循惠民、

利民、便民原则，凸显魅力清江、活力清江、人文清江设计主题，是一个集文化、娱乐、展览、演出、健身等多功能于一体的开放型文体广场。已陆续成立了徒步队、广场舞队、交谊舞队等群众性文化娱乐队伍，让群众从赌场走向了广场、从牌友变

清江乡生态文化广场

成了舞友，大大提升了乡风文明建设，促进了社会和谐稳定。

鲁溪镇梅颜村通过培育文明乡风，推进农村环境综合整治，让生态文化深入人心，使村民对生态环境呵护备至。一是成立竹林堂农民诗社，成就庄稼人的诗歌

鲁溪镇梅颜村"竹林堂"诗社举办中秋风雅颂文化活动

梦。诗社社员主要由退休老干部、退休教师和农民组成，创作内容以诗词、对联、民俗、书法、戏曲等为主体。二是率先试点乡风文明建设。村"两委"携手村民制定完善村规民约，推进移风易俗，在各自然村成立红白理事会，破旧立新，助力文明。同时，成立体育协会、文艺协会、

茶戏剧团好戏连台，广场舞队、腰鼓队、太极拳队、船灯队、马灯队、龙灯队等文体队伍。三是加快农村环境综合整治。建立卫生长效保洁机制，积极开展家庭卫生评星活动，形成了人人爱卫生，个个争当洁净卫士的良好局面。

案例4 环保入家训，绿色精神代代传

罗坪镇长水村的村民以前靠山吃山，靠水吃水，依赖砍树卖树，挖沙取石得以谋生，但形式粗放，给生态资源带来毁灭性打击，村民纷纷外出谋生。近年来，武宁开展生态文明建设，村民群众热烈响应，制定了保护生态的村规民约，并且将环

保理念写入家训，不仅继承和发扬了中国传统文化，还与当前生态文明建设紧密结合。

长水村的卢氏、余氏、张氏等家族陆续修改家训，重点添加生态保护的内容。例如，张氏家训添加了"热爱自然、保护生态"，余氏家训添加了"树木资源、不许滥砍"

长水村的孩子们在学习家训①

等。肖氏家训也把保护生态环境写进了家训，并将家训做成匾挂于堂前，时刻警醒后人要按照家训的要求为人处世。

经过多年的保护与治理，全村有 240 多户农户自发上山造林 3000 多亩。并且积极探索林下经济发展模式，发展林下养殖、林下种植、林下旅游，先后获得全国绿色小康示范村、全国生态示范村和全国生态文化村等荣誉。2017 年，村人均纯收入比全县人均纯收入高 2000 元。

 案例点评

贯彻落实党的十九大关于生态文明建设和生态环境保护的决策部署，最为根本的是把习近平总书记生态文明建设重要战略思想，融会贯通到生态环境保护工作的各个方面、领域、环节，指导推动全方位、全地域、全过程的生态环境保护建设。武宁以生态文明教育为"抓手"，通过生态文明教育"进机关、进学校、进社区、进家庭"的四进活动，积极培育引领生产生活方式绿色转型的生态文化体系，提升生态文明建设能力与水平，有助于进一步实现武宁良好生态的经济价值和文化价值。此外，将生态文明与文化传承融合发展是生态文明建设的重要内涵，是生态环境保护的重要抓手。长水村将环保写入家训，通过文化的导向、激励、凝聚等功能，将保护环境变成每个人自觉的社会责任、意识行为，实现了生态效益和经济效益的"双赢"。

---

① 图片来源：《中国农民将生态保护写入家训》，2017 年 7 月 2 日，新华网，http：//www. xinhuanet. com/photo/2018-07/02/c_1123068448. htm。照片拍摄地就在长水村。

二、活化生态资源，奏响生态文明新乐章

党的十八大报告指出，要把生态文明建设放在突出地位，融入经济建设、政治建设、文化建设、社会建设各方面和全过程。促进生态文化产业发展与生态文明建设的良性互动，是贯彻落实这一指示的重要举措。武宁在生态文化产业建设过程中依托现有的生态资源优势和产业基础，充分考虑区位优势和有利因素，按照文化旅游"宜融则融、能融尽融，以文促旅、以旅彰文"的工作思路，大力推进民族民间文化、积极打造山水生态文化、积极弘扬历史传统文化，加强生态文化基础设施建设，培育生态文化教育基地。通过实景水秀《遇见武宁》、西海明珠、非遗文化传习所等平台和载体，将武宁优秀的非遗文化（打鼓歌、采茶戏等）、优秀的历史文化与生态旅游深度融合，既传承和发展了民间艺术文化，保护了历史文化，还促进了经济结构转型升级，带来了良好的社会效益和经济效益。

案例1 《遇见武宁》：走遍千山万水，独爱武宁山水

大型实景水秀《遇见武宁》是武宁丰富旅游业态，创建全域旅游打造庐山西海大本营的重要举措，也是武宁生态文化产业化的重要体现。整个演艺项目投入5000万元，以山水实景演出为主，以山水特技表演为根。演艺共分为溯源武宁、桃源武宁、律动武宁、大美武宁四幕，以武宁悠久历史文化为魂，结合武宁打鼓歌、草龙舞等民俗文化，通过声、光、水雾等多种高科技的表现形式，全面展现了武宁从古至今的悠久历史文化和新时代的发展面貌。自2018年7月开演以来，共演出200场，接待游客4万余人次，实现营业收入400余万元，得到了广大游客的认可，为武宁文化旅游产业发展增添了活力。

溯源武宁开篇以一条河流从天而降，沿着山脉汇聚成一池碧水，塑造出武宁这座世外桃源。整篇用清晰的人物关系（爷爷和宁宁的祖孙关系）串联起整个演出，展开一幅开天辟地、古往今来的宏大画卷，展现武宁人对这座最美小城的深深眷恋。

桃源武宁演绎了武宁女孩与误入此间的年轻书生的爱情故事。高清全彩激光和舞台灯光的完美融合，营造出立体、梦幻、神奇的视觉欣赏空间，提高了舞台的艺术感染力，光的波浪、雾的聚合、水的图案，让存在于诗词歌赋中的桃源仙境完美地呈现在舞台上。

《遇见武宁》水秀表演

律动武宁讲述了武宁现代建设化的华丽序章。整篇应用焰火、彩虹等多种舞台特效手段，有效烘托出演出的气氛和节奏。强大的演出阵容，创造出如火如荼、如梦似幻的热烈唯美场面。

大美武宁展现了武宁的四季和山水之美，并将武宁打鼓歌、草龙舞等特色民俗文化融入其中，全面展现武宁悠久的历史和新时代的风貌，把最美的回忆留在武宁。

案例2 西海明珠：吹响生态文化产业集结号

西海明珠地处武宁沙田新区，总投资2.5亿元，总用地面积40亩，总建筑面积38660平方米。建筑造型是一幢乳白色贝壳式建筑，以水为立意设计，巧妙地把"两馆一院"，即武宁城市规划展览馆、博物馆和现代化的大剧院纳入贝壳之中。馆内布展丰富、做工精

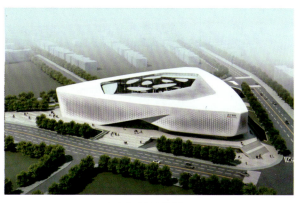

武宁规划展览馆

武宁博物馆生态秀邑展厅

细、设计巧妙、科技先进，是介绍武宁人文历史、展示武宁建设成就和美好未来、欣赏高品位文化艺术的新平台，也是游客必游的一个旅游景点。

规划分区展示，展现武宁的昨日、今日和未来。武宁规划馆共分 13 个展区，包括城市序厅、印象武宁、历史武宁、今日武宁、宏图武宁、乡镇规划、未来城市等，向人们全面展示山水武宁的悠久历史、秀美山水和灿烂人文。

陈展四个专题，展现武宁多彩山水文化。武宁博物馆共三层，由生态秀邑、人文灵邑、移民盛邑及共和先锋四个专题陈列组成。以武宁自然生态所构成的山水之秀、厚重文化所衍生的人文之灵、山水变迁所带来的移民之盛的独特山水文化为轴线，所展示的是武宁由历史上的千年古邑、无忧之地到现在的中国最美县城、中国最美符号的陈展主题。

丰富文艺商演，共享武宁视听盛宴。武宁大剧院还充分挖掘和引入优秀文艺作品，加入全省演出剧场联盟首演活动，以每年不少于 21 场的数量为武宁人民带来优质的舞台剧目，让广大的武宁人民在家门口就能享受到高雅的艺术大餐。

案例 3 非遗传习所：唱出生态文化产业发展好声音

建立非遗传习所可以培育非物质文化遗产传承人群、丰富农村群众文化生活、激发非遗手工艺产品生产的创造力，使其成为促进经济发展的新增长点。2018 年，武宁被评为"江西省民间文化艺术之乡"（打鼓歌之乡）。成功入选国家级非物质文化传承人名录 1 人，建设省级以上非遗项目传承基地 3 个。完成了《武宁傅

武宁打鼓歌展示

氏太婆会》《武宁黄沙神歌》市级非遗项目申报工作，成功申报市级非遗代表性传承人 19 人。新编武宁打鼓歌、采茶戏、戏社火赴省展演，并取得优异成绩。

组建非遗传习所，挖掘和培育非遗人才。通过政府主导，民营资助的方式，组建打鼓歌传习所 10 个、省级采茶戏传承基地 1 个、戏社火传承基地一个、民营采茶戏团 100 多个，挖掘和培养各种非遗人才 1 万多人，每年举办传承活动 100 多场次，使武宁民间艺术瑰宝得到较好的保护、传承和发展。

武宁采茶戏展演

非遗文化入景区，文旅产业融合发展。依靠特有的旅游优势，通过与西海湾景区旅游公司合作，将打鼓歌列入景区的重要日常景点，增强非物质文化遗产的生命力和影响力；利用朝阳湖、西海湾、桥中桥等景区景点，设立文化舞台，坚持长期演出，全面推介打鼓歌、采茶戏等武宁非物质文化遗产精品。

 案例点评

相对于研发、生产、加工和销售的产业发展模式，生态文化产业能够以文化创意为核心，构筑多层次的全景产业链，通过文化创意把文化艺术活动、特色文化资源、生态资源、科学技术、产品载体、人文环境有机结合起来，形成彼此良性互动的产业价值体系，为传统产业的发展开辟全新的空间，并实现产业价值的最大化。

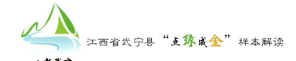

武宁在发展生态文化产业的过程中，立足生态优势，通过实景水秀《遇见武宁》、西海明珠、非遗文化传习所等平台和载体，将优秀的民间文化、山水文化和历史文化与旅游产业相融合，一方面继承和弘扬传统的优秀文化，另一方面促进了公共文化服务体系建立健全等在推动创意产业的形态和内涵同步发展的同时，增强了全社会的创新意识，营造良好的创意氛围，实现了良好生态的文化价值和经济价值。

展望 篇

"只要给梦想插上飞翔的翅膀，它总能到达它应到达的地方。"良好的生态始终是武宁最大的品牌、最大的财富和最大的优势，只有坚持正确的生态价值观、政绩观，努力践行"生态民生观"，武宁一定能够走出一条绿色发展的康庄大道，行稳致远。

第十三章

实现生态产品优质供给
放大绿水青山生态价值

生态产品价值的实现有利于守好生态与发展两条底线。完善生态产品价值实现机制，有利于通过市场化路径提高生态产品供应者的收入，增加重要生态功能区发展机会。既能实现环境污染治理，又可以提供优良生态产品、实现可持续发展。排污权许可制度、排污权交易机制不仅限制了企业随意排污的倾向，还激励企业积极采取措施减少污染排放，创新能力提高推进了产业转型升级，这既保护了环境又提高了发展质量。

生态产品价值的实现有利于加快培育绿色发展新功能。推进生态产品价值实现，需加快实施重大绿色生态工程，扶持绿色产业发展，引领社会绿色消费需求，以消费视角开展场景研究，在绿色城乡建设、绿色消费创新升级等领域积极构建具有新经济特色的应用场景，适应新需求、带动新消费，成为经济发展新的增长点。

生态产品价值的实现有利于开辟绿色惠民新路径。探索生态产品价值实现机制，有利于通过市场化路径实现生态产品的多元价值，如通过完善基础设施、创造工作岗位、提供公共服务、技能培训补贴、工农业产品价格补贴、基本生活补贴等间接而有针对性的方式来实现，从而开拓绿色惠民新途径。

武宁在生态产品价值的实现机制构建方面，主要从生态产品价值实现方案设定、价值核算评估、生态产品市场交易体系以及生态产品质量认证体系四大方面进行探索，并形成部分可复制、可推广的经验。

一、生态产品价值实现方案设计

（一）编制试点实施方案

为了工作的组织实施，确保完成生态产品价值实现机制试点任务，为江西省生态产品价值实现提供经验和示范，武宁聘请专家团队拟订《武宁县生态产品价值实现机制试点实施方案》（以下简称方案）。主要内容包括基础工作、实现路径、重点工程、保障措施四大板块，重点探讨了武宁如何实现生态产品价值。

方案指出，对于实现生态产品价值，需要加强四方面的保障措施：首先是强化组织领导，成立生态产品价值实现机制试点领导小组，统筹推进全市生态产品价值实现机制试点工作；其次是推进制度保障，建立健全自然资源资产产权制度，深化生态产品产权制度改革，明晰生态资产所有权及其主体，规范生态产品产权制度，建立"青山"林业碳汇交易机制，建立"绿水"生态补偿机制，建立特色碳普惠机制，完善生态产品融资机制；再次是完善指标考核，建立并逐步完善生态产品价值实现的指标体系、核算体系和统计体系；最后是加强宣传教育，组织专业人才绿色低碳培训和在岗人员的绿色低碳教育培训，加强领导干部和基层工作人员能力建设。

（二）设计评价指标体系

以改善生态环境质量为核心，提升生态产品价值为目标，探索价值实现方式为重点，结合武宁生态文明示范区建设、江西国家生态文明试验区建设等已有试点建设进展，构建覆盖经济、社会、环境等多领域、多维度的、具有武宁特色的指标体系。包括森林覆盖率、森林蓄积量、地表水水质优良比例、重要江河湖泊水功能区水质达标率、水土流失面积和强度、生态环保投资占财政收入比例、生态资产保持率、碳排放量、碳汇量、碳强度、万元地区生产总值能耗和用水量、节能环保产业增加值占 GDP 比重、主要农产品中有机和绿色食品种植面积比重等。其中，生态资产保持率作为衡量生态产品价值的重要指标之一，重点考核试点期内武宁生态系统服务功能相对变化的情况，用于表示具有重要生态功能的林地、草地、湿地、农田等生态系统具有的各项生态服务（如水源涵养、水土保持、防风固沙等）及其价值得到维护和提升的程度。

二、价值核算评估应用机制

（一）科学核算生态产品价值

价值核算是生态产品价值实现的基础，武宁也在不断试点展开建立生态产品价值业务化核算技术体系。遵循人类收益原则、生物生产原则、保护成效原则、实际发生原则、实物度量原则、数据可获原则、持续更新原则和非危害性原则等，准确评估各类型生态产品功能量，科学反映生态产品数量和质量变化，建立科学的生态产品价值核算方法。围绕生态产品价值实现指标体系进行统计和核算，确定生态系统生产总值（GEP），编制武宁生态产品价值统计年鉴。

首先，在借鉴国内外生态服务价值评估、绿色 GDP 等综合核算体系等相关研究成果的基础上，充分考虑武宁各类型生态产品的经济价值、生态服务价值和社会文化价值，研究提出生态价值评估指标体系。其次，依托统计、监测和遥感等手段，确定生态价值评估参数。结合土地利用和遥感数据以及部门统计数据和图件，明确项目区评估单元的生态系统类型。最后，综合运用统计分析、模型模拟、专家咨询、公众参与等定性和定量方法，计算各类生态资源及其所提供的生态产品产量、生态系统功能量。兼顾生态产品的市场供求和稀缺程度，将环境破坏、污染治理、生态保护等成本纳入经济运行成本，并纳入国民经济统计核算体系中，合理确定生态产品市场价值，完成价值量核算。

（二）　编制资产负债表

为了形成产权明晰、管理规范的自然资源管理制度，武宁按照"只能增值、不能贬值"的原则，对县域内自然资源资产进行统一登记，建立自然资源资产负债表，强化开发管控。积极探索生态产品价值实现新经验，大力发展绿色生态产业，实现生态资本增值转化，让美丽生态产出美丽经济。目前，已完成了土地、房产、林业登记发证档案扫描和数据建库工作。在编制资产负债表时坚持目标导向，破解资料收集、数据衔接、质量控制、数据管理等难题，深化水、土地、森林、山地、滩涂以及探明储量的矿产资源等主要自然资源资产核算。

根据自然资源资产负债表数据，采用国内具有代表性的测算方法，聘请专业机构进行自然资源资产价值化，计算自然资源的实物存量、实物流量、价值存量和价值流量四个方面。并建成县级自然资源资产数据中心，将核算单位延伸到乡镇、村组。在县级层面开展自然资源资产负债表编制在国内尚属少见，这为领导干部自然资产政绩考核和离任审计提供了参考。

（三）　探索建立生态产品价值考核体系和干部离任审计制度

为全面推开领导干部自然资源资产离任审计工作，促进领导干部切实履行自然资源资产管理和生态环境保护责任，加快推进武宁生态文明示范区建设，印发了《武宁县领导干部自然资源资产离任审计工作方案》。强调要加强调查研究，因地制宜，根据当地自然资源资产特点和环境污染状况，选择重点自然资源资产和生态环境保护领域开展审计。把领导干部贯彻执行中央生态文明建设方针政策和决策部署、遵守自然资源资产相关法律法规、重大决策、完成自然资源资产管理和生态环境保护目标、履行自然资源资产管理和生态环境保护监督责任以及相关资金征收管理使用和项目建设运营等情况作为审计重点，贯穿审计工作始终。

武宁对生态产品价值考核体系和干部离任审计制度的实施是从森林资产的审计过渡到整个自然资源的审计。2018年，武宁出台领导干部离任审计森林资产的实施办法，将任用领导干部与森林资产考核挂钩起来，这在江西省内尚属首例。全县各乡镇党政主要领导干部离任时进行森林资产审计，以领导干部任职前后所在地区森林资产数量、质量为基础，审计部门审计森林资产是否得到有效保护和有序开发，包括管理资金的分配使用和重大项目建设、运营情况以及严重损毁森林资产事件的处理情况，重点审计林地保有量、湿地保有量、森林覆盖率指标，和造林绿化、有害生物防治、森林防火情况。审计报告还包括领导干部管辖森林资产取得的突出业绩、存在的主要问题和应承担的相应责任。对审计发现的严重损毁森林资产问题，在区分人为因素与自然因素、历史原因与现实原因的基础上，对确系领导干部人为因素造成的，符合相关规定需要追责。

三、生态产品市场交易体系

（一）健全自然资源资产产权制度

按照中央的统一部署和省市的具体安排，武宁以不动产登记为基础，开展自然资源统一确权登记试点，维护自然资源所有者和使用者的合法权益，强化自然资源所有者和使用者的保护责任，压实各部门和各乡镇对自然资源资产的监管职责，为创建绿色生态示范县打下坚实的基础。

在自然资源统一确权登记试点工作方面，罗坪镇长水村曾在全国率先启动以"明晰产权、减轻税费、放活经营、规范流转"为主要内容的林业产权制度改革，被誉为"中国林改第一村"。使林地实现自由流转，促进了林地向大户集中，走上集约化、规模化经营之路。近年来，武宁牢固树立创新、协调、绿色、开放、共享发展理念，不断深化林业改革，积极探索森林资源保护管理新经验和新做法，又进一步提出在全省乃至全国范围内率先探索建立林长制。积极推进林地经营权流转证改革，颁发了全省第一本《林地经营权流转证》，稳步推进集体林地三权分置制度，切实落实农村土地集体所有权，严格保护农户承包权，加快放活林地经营权。

在不动产统一登记体系方面，不动产统一登记是自然资源统一确权登记的基础。武宁在开展自然资源统一确权登记试点的同时，也在不断完善土地、房屋、林权等不动产统一登记。加快推进房地合一的农村宅基地使用权和集体建设用地使用权确权登记发证工作。在完成农村宅基地使用权和集体建设用地使用权地籍调查的基础上，启动并完成农村房屋调查测量工作。武宁也成为江西省推动农村集体产权制度的试点县。

在自然资源所有者和使用者的权利和责任方面，国家所有的自然资源资产所有权由县级以上人民政府代表国家依法行使，使用权和经营权由县级以上人民政府依法授予，收益权和处分权由县级以上人民政府依法行使。集体自然资源分别由乡（镇）、村、组集体经济组织依法行使，使用权、经营权分别由三级集体经济组织依法授予，收益权、处分权由三级组织依法行使。国家和集体自然资源资产合法的使用权、经营权和收益权受法律保护。自然资源所有者和使用者都必须依法履行保护自然资源资产的义务。

在自然资源资产的监管责任方面，按照"谁主管，谁负责"和属地管理的原则，压实各部门和各乡镇对自然资源资产的监管责任。按照自然资源用途管制的要求，对国土空间内的自然资源按照生活空间、生产空间、生态空间等用途或功能进行监管，确保自然资源所有者和使用者按照规划用途进行开发，不得随意改变用途，如耕地用途、生态公益林、自然保护区等。国土资源部门依法加强对土地和矿产资源的监管，林业部门依法加强对森林、林木、林地资源的监管，水利部门依法加强对水资源的监管，规划、农业、环保、安监等相关部门都要切实履行自身职能，各乡镇政府担负属地管理责任，形成自然资源监管的强大合力。

（二）健全生态产品市场交易机制

为促使各种生产要素向生态建设聚集，武宁加快推进林改配套改革，主要是"搭建了四个平台、开通了三个窗口、建立了一个市场"，即搭建了林业产权交易中心、森林资产评估平台、木材检量服务平台、林业科技与法律咨询平台；开通了林权登记管理窗口、林业综合服务窗口、林产品展示窗口；建立了木竹及林产品交易市场。打破了过去由木材经销商垄断经营的模式，铲除了"暗箱操作"，实现了商品材公开挂牌上市竞标的公平交易局面，使木材效益和林农收入实现了最大化。制定林权证抵押贷款操作方法和措施，启动了林权抵押贷款和森林保险，创新了生态建设机制，进一步调动了林农造林护林、发展林业的积极性。

在生态产品市场交易机制建设中，重点建立"青山"资源利用的林业碳汇交易机制。借助全国碳排放权交易市场，探索建立武宁林业碳汇抵消机制，推动形成超额排放企业应支付补偿资金购买林业碳汇、保护生态者应当受到补偿的林业碳汇生态补偿交易体系。加快开发武宁林业碳汇项目，利用林业碳汇项目具有的精准扶贫、生态扶贫、产业扶贫等功能，与脱贫攻坚相结合。建立以政府组织、林农委托、企业实施的林业碳汇生态扶贫补偿机制，启动武宁生态扶贫试点示范工程建设，以碳汇资源换取扶贫资金，使林区贫困人口尽快脱贫。探索建立森林、湿地、碳汇等生态产品的交易平台，充分发挥市场在资源配置中的主导作用，促进生态产品的价值实现。按照国家、省委、省政府下达的生态文明建设约束指标，强制县内碳排放大户在碳交易市场购买碳汇指标以抵消碳排放、实现碳中和。

（三）完善促进生态产品价值实现的金融体系

绿水青山变为金山银山需要经历一系列的转化过程，包括产业催化、产权催化等，这些都离不开金融业的资金支持，即离不开绿色金融。武宁在生态产品价值实现的过程中不断地探索、完善绿色金融体系的建立。

一是拓宽生态产品融资渠道。充分发挥财政资金的撬动作用，发起设立绿水青山就是金山银山生态环境引导母基金，撬动社会资本支持森林生态保护、水资源环境保护、生态农产品、生态旅游、康养产业、生态文化等重点生态资源产品的价值实现。在母基金的引导下，重点设立生态产品子基金，对供给生产产品的基础设施建设和改造提供资金支持。探索扩大基金投资主体范畴，积极争取国家相关部门的专项资金和国家开发银行、中国进出口银行、中国农业发展银行等政策性银行支持，引导符合条件的私募股权投资基金、创业投资基金等国内社会资本加入，努力吸引优质的国际资本参与绿色基金投资。

二是加强绿色金融的对外交流。加强与省内、国内、港澳台地区、欧美、"一带一路"沿线国家的金融机构的业务合作，探索绿色金融市场交易机构与国外交易所成立合资公司，强化多边开发融资体系，提升绿色金融的国内外影响力。加强与国际绿色金融组织对接联络，开展绿色金融项目合作，支持境外基金、境外金融机构对武宁绿色项目投资，引导国际资金投资武宁绿色债券、绿色股票和其他绿色金融资产。鼓励有条件的金融机构和企业到境外发行绿色债券、设立专营机构、创新国际业务。鼓励绿色产业企业利用外资银行银团贷款、直接贷款等境外资金。

四、生态产品质量认证体系

（一）培育生态产品区域公用品牌

武宁积极顺应生态发展趋势，不断彰显绿色潜力优势，很好地守护了这方绿水青山、蓝天净土，也积聚了雄厚的发展后劲，经济社会发展呈现出了前所未有的良好势头。为了不断扩大"武宁生态"的品牌影响力，聘请品牌中国战略规划院副院长、生态达沃斯论坛创办人杨曦沧为县生态发展品牌战略顾问，帮助武宁打响生态发展的品牌和影响力。在培育生态产品区域公用品牌上，大力发展绿色生态农业品牌和生态旅游品牌。

做大农业优势品牌，培育企业自主品牌。目前已发展无公害农产品 35 个以上、绿色食品 20 个以上、有机食品 15 个以上，"三品一标"农产品总量占全县农产品商品量比例 65% 以上，绿色有机农产品基地面积占耕地面积比例的 50% 以上，成功创建全国农产品质量安全县和全省绿色有机农产品示范县。充分用好"中华蜜蜂之乡"品牌，通过与中国蜜蜂研究所、中国养蜂学会合作共建，推进武宁县蜂蜜产业的进一步发展，注册了"蜜言"等蜂产品商标。在做大做强一批农业产业优势品牌外也在培育壮大一批企业自主品牌。武宁山泉瓶装水原料取自武宁县的纯净天然水源，该公司加强宣传推介并借助"山水武宁"的影响力，向相关部门申请了地理标志商标，通过品牌的打造，形成核心竞争力。

推进生态旅游，打造"武宁生态"品牌。通过不断推进生态旅游建设，充分利用其自然生态资源，以旅游产业为支撑，坚持打造"山水武宁"生态品牌。先后出台了《关于加快武宁旅游业发展的实施意见》等多个政策性优惠文件，完善了一系列奖励政策与措施，引导旅游产业向生态建设发展。同时制定了省级旅游综合改革试点和旅游产业园区建设目标任务，将旅游业综合改革的 86 条具体工作落实到各个牵头单位和责任单位。

（二）建立生态产品管理体系

强化生态品牌管理，以系统的观念，从影响品牌的宏观、微观生态要素出发，建立一种系统化、深层次、全方位、互动的生态品牌管理体系。开展品牌植树造林行动，针对各类生态品牌建设，建立完善生态品牌培育库，打造生态品牌建设梯队，有目标、有重点、有计划、分层次地精准指导培育。建立"武宁生态"品牌增值体系平台及数据库，实现生态品牌资源的整合共享。研究制定系统科学、开放融合、指标先进、权威统一的具有"武宁生态"品牌特色的生态产品标准、认证、标识体系，包括产品和产业发展指导体系、产品质量标准体系、国际化产品认证体系、品牌推广和监管体系等。建设生态产品认证销售平台，对销售主体自主申报的各类产品依据认证标准进行生态认证，并生成生态产品标签；对部分产品制定碳标签，建立和森林碳汇的关联机制，生产零碳或碳中和产品，和碳普惠结合，从消费侧角度激活碳市场。大力扶持生态品牌培育和运营专业服务机构，建立生态品牌价值评估体系、无形资产评估和保护制度。

（三）巩固提升生态产品质量认证

积极组织农产品基地、生鲜农产品和加工品开展原产地地理标识认证，无公害、绿色、有机品牌认证，名牌农产品认证，积极创评著名商标和驰名商标。全面提升绿色产业发展水平，实现生态产业化，产品多层次增值，产业业态更加丰富。

江西山水武宁渔业发展有限公司先后获得了《无公害农产品证书》、无公害农产品《产地认定证书》、《有机转换认证证书》，并被农业部评为"水产健康养殖示范场"。在2017年休闲渔业品牌创建主体认定中，庐山西海·个山养珍水生态产业园又入选"全国精品休闲渔业示范基地"，是武宁生态渔业发展摘得的又一国家级称号。横路乡的有机肉牛养殖繁育基地——江西省仙姑寨牧业有限公司，先后注册了"桃花牛"、"仙姑寨"、"桃花鱼"、"犇倌牛厨"等十几个品牌。其中，"桃花牛"获得国家颁发的有机产品认证证书，成为江西省首家有机肉牛认证品牌，也是全国获得此有机认证的仅有4家养牛企业之一。

武宁已有新品牌认证56个，其中绿色2个、有机13个、著名商标5个、名牌农产品1个、知名商标11个。计划到2020年，再创建全国休闲农业品牌3个，创全国休闲农业与乡村旅游精品线路1条，打造出一批带动力强、影响力大的武宁农业核心品牌。通过加强武宁生态产品的品牌认证工作，不仅提升了武宁特色农产品的发展水平，还进一步使产品多层次增值。

第十四章

新时代武宁生态文明建设的新方向

生态文明建设是关系中华民族永续发展的根本大计。进入新时代，以习近平同志为核心的党中央大力推进生态文明建设、美丽中国建设，着力守护良好生态环境这个最普惠的民生福祉，人民群众源自生态环境的获得感、幸福感、安全感显著增强。

绿色生态是武宁的最大财富、最大优势、最大品牌。近年来，武宁以"共抓大保护，不搞大开发"为基本前提，打造修河最美岸线，探索建立可推广、可复制的生态产品价值实现机制，逐步打通绿水青山向金山银山的转化路径，成为打造美丽中国"江西样板"的重要参与者、贡献者和领跑者。但当前武宁生态文明建设和环境保护还面临不少困难和问题：环境保护压力仍然巨大，保护与发展的矛盾仍然突出，生态文明建设基础仍需加强，制度创新仍有"瓶颈"。总体而言，武宁生态文明建设正处于压力叠加、负重前行的关键期，已进入提供更多优质生态产品以满足人民日益增长的优美生态环境需要的攻坚期，也到了有条件、有能力解决生态环境突出问题的窗口期。

对标党的十九大生态文明建设新方针、新任务，当前武宁亟待加强生态文明建设创新，采取有效战略与举措，高质量、高效益推进生态文明建设，保障生态文明建设顺利跨越这个关键期、攻坚期和窗口期，实现人与自然和谐共生，促进生态文明持续发展，满足人民日益增长的优美生态环境需要，守护良好生态环境这个最普惠的民生福祉。

一、坚持原则方向，确保武宁生态文明建设行稳致远

党的十八大以来，习近平总书记高度重视生态文明建设。在全国生态环境保护大会上，明确提出6项重要原则：坚持人与自然和谐共生，绿水青山就是金山银山，良好生态环境是最普惠的民生福祉，山水林田湖草是生命共同体，用最严格制度、最严密法治保护生态环境，共谋全球生态文明建设。武宁应以这6项重要原则为指导，结合武宁生态文明建设实际情况和战略部署，确保武宁生态文明建设行稳志远。

一是应沿着巩固、调整、充实、提高的主线开展生态文明建设工作。首先，巩固强化生态环境治理攻坚克难取得的成果，防止已经基本解决的生态破坏和环境污染问题"死灰复燃"，杜绝出现任何形式的反弹。其次，调整转移生态文明建设的目标、方向、重点，抓住生态文明建设中过去属于次要矛盾而现在逐渐演变为主要

矛盾的问题开展精准治理。再次，充实完善生态文明建设制度体系。在已建立的生态文明制度的"四梁八柱"式的体系基础上，对治理体系和制度安排进行查漏补缺、充实完善，与时俱进地对制度进行预调微调，推进生态文明建设制度现代化进程。最后，坚持以提高生态环境质量、促进高质量发展为核心，梳理并解决固废、生态、土壤、水环境、大气环境等领域的存量问题，并制订周密计划，有力提升生态环境质量，继续以生态环境保护促进武宁经济社会高质量发展，提高人民群众的获得感、幸福感。

二是应采取因地制宜、分层推进、精准施策、协同治理的原则开展生态文明建设工作。由于武宁各乡镇经济社会发展水平、生态环境治理水平存在显著的空间分异，各领域、各要素存在的问题和治理的程度存在很大差异，要根据武宁各乡镇不同的经济社会发展阶段、自然地理本底特征，根据各领域生态环境问题不同的特点，调整过去"一把尺子量到底"、"一个措施插到底"的简单化做法，由县政府提出质量提升的原则性要求，充分利用强化的监测网络和大数据平台，加强结果考核，弱化过程检查，鼓励各乡镇因地制宜地制定和采取有针对性的措施。

经过近年来的治理整顿，武宁更多的乡镇、行业部门从生态环境严重破坏和污染的队伍中出列，进入生态环境中游或较好的行列。今后武宁在制度安排上应当继续敦促后进乡镇和行业部门尽快达标；巩固提升已有成果，让政策重心逐渐更多地偏向进入中游水平的大多数乡镇和行业部门，促使其尽快向优质方向继续改善提升；彰显武宁先进乡镇和行业部门的示范效应。这是武宁新时代生态文明建设分层推进、精准施策的重要方面。

党的十八大以来，武宁生态文明建设工作更多的是对不可持续经济发展方式和模式的"迎头痛击"，对于优化经济发展方式给予了有力支持。进入新时代，武宁生态环境部门仍要保持对生态破坏和环境污染的高压态势，同时，要更加注重生态环境与经济社会协同共治。一方面，生态环境保护工作应通过"放管服"支持经济高质量发展；另一方面，生态环保工作要扩展到社会发展领域，将生态环保与和谐社会建设更加密切地结合起来。

二、构建科学体系，推动武宁生态文明建设再上台阶

习近平总书记在全国生态环境保护大会上强调，要加快构建生态文明体系。加

快建立健全以生态价值观念为准则的生态文化体系，以产业生态化和生态产业化为主体的生态经济体系，以改善生态环境质量为核心的目标责任体系，以治理体系和治理能力现代化为保障的生态文明制度体系，以生态系统良性循环和环境风险有效防控为重点的生态安全体系。生态文明体系是习近平生态文明思想指导实践的具体成果，是对生态文明建设战略任务的具体部署。

武宁生态文明建设工作经历了由易到难、由粗至细的过程，容易治理、提升空间大的工作已经基本完成，将逐步进入生态文明建设的"深水区"，边际治理成本将逐渐提高，质量提升难度将不断加大，这就要求武宁要加大力度构建系统完整的生态文明体系，推动武宁生态文明建设再上台阶。

（一）健全生态文化体系，打牢思想基础

生态文化体系建设是推动武宁生态文明建设再上台阶的基础和前提。大自然孕育了人类、哺育了人类，要加强保护和弘扬武宁丰富的民间生态文化，建立健全以生态价值观念为准则的生态文化体系，将其融入社会主义核心价值观建设，纳入学校常规教育体系中，在全社会树立起尊重自然、顺应自然、保护自然的社会主义生态文明观，使公众像保护眼睛一样地保护生态环境，像对待生命一样地对待生态环境，并自觉地从生产生活细节做起，倡导简约适度、绿色低碳的生活方式，推行绿色消费、绿色出行、绿色居住、绿色办公、绿色饮食，将保护生态环境内化于心、外化于行。

（二）打造生态经济体系，夯实产业基础

武宁生态文明建设的成败归根结底取决于经济结构转型升级和经济发展方式转变。推动武宁生态文明建设再上台阶必须彻底改变以环境资源大量消耗为基础的发展模式，加快构建低碳绿色循环的生态经济体系。一是加快建立绿色生产和消费的法律制度和政策导向，推进技术创新，加快对传统产业进行产业生态化、绿色化改造。二是加快发展节能环保产业、清洁生产产业、清洁能源产业，推动生态建设产业化，构建以绿色化、高新化、智能化为主要目标的新兴生态产业体系。三是加快生态环境服务功能的价值评估体系建设，将环境容量作为生产要素纳入国民经济中，建立健全节约资源保护环境的价格机制，使绿水青山真正变成金山银山。

（三）构建生态安全体系，筑牢抗险基础

生态安全体系是武宁生态文明建设的底线，要把生态环境风险纳入常态化管

理，系统构建全过程、多层级的生态环境风险防范体系。一是坚持问题导向，着力解决人民群众反映强烈的水、大气、土壤污染等突出的环境问题，打好水、大气、土壤污染防治攻坚战，加强固体废弃物和垃圾处置，着力解决突出的环境问题，推动环境质量持续改善。二是加大生态系统保护力度，通过国土空间管制和划定生态保护红线、永久基本农田、城镇开发边界控制线等，强化大江大河源头、重点流域上游、重要湿地等重要生态功能区的保护力度，加大水土流失地区、石漠化等生态脆弱地区的修复和保护，在遵循自然规律的基础上开发利用大自然，确保将人类活动控制在资源环境的承载能力之内，让大自然休养生息，确保实现生态安全、环境安全、资源安全、能源安全。

（四）完善生态制度体系，提供坚强保障

当前，武宁生态文明"四梁八柱"的制度体系已基本建立。要加强源头防控、过程管控和末端治理相衔接的制度体系建设，加快建立资源环境产权制度，建立市场化、多元化生态补偿机制；完善生态环境管理制度，健全耕地、森林、河流、湖泊休养生息制度；构建国土空间开发保护制度、环境监管体制机制，形成以治理体系和治理能力现代化为保障的生态文明制度体系，为系统化地将环境问题产生的原因、解决思路和办法等放在经济、政治、文化、社会中通盘考虑和谋划提供坚强的制度保障。

（五）优化目标责任体系，强化担当作为

目标责任体系是武宁生态文明建设的重要抓手。要加快形成武宁生态文明建设"党政同责"、"一岗双责"和多部门齐抓共管的局面，形成守土有责、守土尽责、分工协作、共同发力的大环保工作格局。推动建立科学、合理的考核评价体系和责任追究体系，建设生态环境保护铁军，为将武宁建成中国最美丽小城形成广泛合力。

三、明确实施路径，实现武宁生态文明建设再立新功

新时代武宁生态文明建设应遵循习近平生态文明思想，统筹推进经济建设、政治建设、文化建设、社会建设、生态文明建设"五位一体"发展，扎实推进美丽

江西"武宁样板"建设进程，着力补齐生态文明建设短板，协调好生态环境保护与经济社会发展的关系，推动生态文明建设领域各项改革措施落实好、实施好，进一步提升生态文明建设质量，为实现武宁生态文明建设再立新功。

（一）加快制度创新，探索生态路径

着力构建武宁山水林田湖草系统保护与综合治理制度体系、严格的环境保护与监管体系、促进绿色产业发展的制度体系、环境治理和生态保护市场体系、绿色共治共享制度体系、全过程的生态文明绩效考核和责任追究制度体系六大体系建设任务，做实做细实施方案，聚焦重点难点问题，在体制机制创新上下功夫，为完善生态文明制度体系探索路径，贡献武宁经验；在生态文明建设目标评价考核办法、推进环保监测机构垂直管理、跨区域环境联合执法督察等重点改革，开展自然资源资产离任审计、排污权交易、自然资源确权登记等方面大胆开展试点工作。

（二）坚持系统治理，巩固生态优势

坚持实施质量与总量"双控"管理，强化武宁水、气、土环境监管，做到源头预防、不欠新账，统筹整治、多还旧账，确保环境质量"稳中有升"；重点抓好武宁绿色光电转型升级、大气和水污染物总量减排、重金属污染物排放重点企业总量管控等工作，空气质量确保进入全省第一方阵，深入推进城乡环境治理，加快推进污水、垃圾处理等环保基础设施建设，为打造修河最美岸线保驾护航。

（三）推动产业升级，提升生态效益

坚持提升传统动能、培育新动能"两手抓"，大力发展新经济、培育新动能，促进武宁生产方式绿色化，进一步提高绿色发展的质量和效益；主攻绿色光电、绿色食品、大健康、新能源等新经济领域，加大武宁传统产业改造升级力度，深入开展节能低碳专项行动，加快推进资源循环利用、清洁生产示范与工业污染治理等重点工程，在探索生态产品价值双向转化路径上展现新作为。

（四）打造示范工程，实现生态惠民

加快建设一批重大项目和平台，以生态质量提升、湿地保护、流域系统修复为重点，推进武宁全流域综合治理；围绕增强人民群众获得感，完善多元化生态产品价值转化和共享机制，让武宁群众成为生态文明的主导者、建设者和共享者；建立流域生态补偿资金与扶持贫困群众挂钩机制，出台生态环境良好地区发展适宜产业扶持政策；深入开展绿色低碳品牌创建活动，让群众参与受益，使绿色消费、节约消费、适度消费渐成风尚，推进武宁生活方式绿色化，进一步把绿水青山转化为金山银山。

（五）狠抓荣誉创建，打造生态名县

荣誉是凝聚力和生产力，也是竞争力。在努力摘取国家卫生城市、中国人居环境范例奖、全国健康促进县、全省最干净县、全省乡村森林公园、全省绿色低碳试点县等金字招牌的过程中，发动全县干群共识共为，凝聚合力，形成干事创业的良好氛围，形成上下认可的良性循环，以创促建，以评促建，将武宁知名度和美誉度逐步转化为发展优势。

附　录

一、武宁生态文明建设顶层设计汇总

2016～2019 年武宁县生态文明建设相关政策文件汇总

类别	序号	名称	文号	发布时间
保护篇	1	《江西伊山省级自然保护区总体规划（2019～2028 年）》	/	2019 年
	2	《武宁县修河岸线开发利用和保护规划》	/	2018 年
	3	《武宁县全面加强生态环境保护坚决打好污染防治攻坚战的工作方案》	武办发〔2018〕56 号	2018 年 12 月 30 日
	4	《武宁县领导干部自然资源资产离任审计工作方案》	武办发〔2018〕53 号	2018 年 12 月 18 日
	5	《武宁县领导干部森林资源资产离任审计实施办法（试行）》	武发〔2018〕19 号	2018 年 9 月 5 日
	6	《武宁县农村生态环境管护办法（试行）》	武农生管字〔2018〕3 号	2018 年 9 月 5 日
	7	《关于进一步推进农村生态管护员制度规范化建设的通知》	武农生管字〔2018〕1 号	2018 年 7 月 9 日
	8	《武宁县农村生态环境管护办法（试行）》	武府发〔2017〕17 号	2017 年 12 月 8 日
	9	《武宁县农村生态环境管护实施细则》	武府办发〔2017〕85 号	2017 年 12 月 8 日
	10	《武宁县全面推行河长制工作方案（修订）》	武办字〔2017〕48 号	2017 年 6 月 23 日
	11	《武宁县"林长制"工作实施方案》	武发〔2017〕6 号	2017 年 4 月 1 日
	12	《武宁县天然林保护工作实施方案》	武府办字〔2017〕45 号	2017 年 4 月 1 日
	13	《武宁县"林长制"生态护林员管理办法》	武府办字〔2017〕48 号	2017 年 1 月 11 日
	14	《武宁县保护湿地、候鸟等野生动物资源专项行动工作方案》	武府办发〔2016〕58 号	2016 年 12 月 19 日

类别	序号	名称	文号	发布时间
保护篇	15	《2016 年"清河行动"实施方案》	武河办字〔2016〕8 号	2016 年 9 月 24 日
	16	《武宁县 2016~2020 年度实行最严格水资源管理制度目标与工作计划》	武河办字〔2016〕53 号	2016 年 9 月 13 日
	17	《武宁县实施"河长制"工作方案》	武办字〔2016〕21 号	2016 年 3 月 10 日
发展篇	18	《武宁县绿色生态示范县创建 2019 年工作要点》	武办字〔2019〕78 号	2019 年 5 月 24 日
	19	《关于成立武宁县推进民宿经济发展领导小组的通知》	武办字〔2019〕57 号	2019 年 3 月 22 日
	20	《关于加快培育优强工业企业推动绿色经济高质量发展的实施意见》	武发〔2018〕20 号	2018 年 9 月 14 日
	21	《关于深化生态文明建设实现高质量发展的实施意见》	武办字〔2018〕68 号	2018 年 8 月 13 日
	22	《关于加快产业融合推进全域旅游发展的意见》	武府办发〔2018〕24 号	2018 年 6 月 5 日
	23	《武宁县绿色生态示范县创建 2018 年工作要点》	武生态办〔2018〕1 号	2018 年 5 月 28 日
	24	《关于加快我县林业改革发展推进生态文明建设的实施意见》	武府办发〔2018〕2 号	2018 年 1 月 10 日
	25	《武宁县旅游发展总体规划修编（2017~2025 年)》	/	2017 年
	26	《武宁县国家森林城市建设总体规划（2017~2026 年)》	/	2017 年
	27	《武宁县 2017 年生态文明建设工作要点》	武生态办〔2017〕1 号	2017 年 5 月 18 日
	28	《武宁县生态文明先行示范区建设规划》	/	2016 年
	29	《武宁县创建"绿色生态示范县"工作方案》	武发〔2016〕18 号	2016 年 12 月 19 日
	30	《武宁县全面推进绿色崛起、全力打造"三个示范"实施意见》	武发〔2016〕16 号	2016 年 10 月 31 日

二、主流媒体点赞武宁

1. 央视《新闻联播》头条新闻

2018年10月13日，在央视《新闻联播》头条新闻中，武宁县委书记杜少华向全国观众介绍江西武宁林长制经验。

2. 人民网江西演播室

2019年1月29日，武宁县县长李广松做客人民网江西演播室：武宁将推动"河（湖）长制"向"河（湖）长治"转变。

3. 央视 CCTV-13 报道 1

2018 年 8 月 7 日，央视 CCTV-13 宣传武宁长水村环保入家训。

4. 央视 CCTV-13 报道 2

2018 年 8 月 6 日，中宣部组织的"大江奔流——来自长江经济带的报道"大型主题采访团在武宁县采访。

5. 央视 CCTV-13 报道 3

2018 年 5 月 1 日，央视新闻频道《直播长江》栏目报道武宁生态保护新举措、新成效。

6. 央视 CCTV-13 报道 4

2017 年 3 月 3 日，央视宣传"春天的中国"等在武宁取景。

7. 央视《发现之旅》

2017 年 6 月，央视《发现之旅》频道近半小时的武宁报道。

三、承办的重大会议

1. 江西省生态文明先行示范区建设现场推进会

2015 年 11 月 2 日，江西省生态文明先行示范区建设现场推进会在武宁县召开，是对武宁县生态文明建设的充分肯定。

2. 江西省旅游产业发展大会

2017 年 6 月 12~13 日，江西省委、省政府在九江市召开全省旅游产业发展大会，武宁县是此次大会的第一站。

3. 江西省林长制工作现场推进会

2018 年 9 月 19~20 日，江西省林长制工作现场推进会在武宁县召开。

四、获奖及荣誉情况

2016~2019 年武宁县省部级以上获奖和荣誉汇总表

级别	荣誉名称	授牌时间	授牌单位
国家级	国家卫生县城 （江西唯一）	2019 年 3 月	全国爱卫办
	国家森林城市 （全国 27 个，江西省 3 个）	2018 年 10 月	全国绿化委员会、 国家林业和草原局
	中国十佳避暑康养小城 （全国十佳排名第 7）	2018 年 8 月	中国旅游网络媒体联盟
	全国生态保护与建设典型示范区 （全国 33 个，江西唯一）	2017 年 8 月	国家发改委
	全国森林旅游示范县 （全国 10 个设区市，33 个县市，江西唯一的县）	2017 年 9 月	国家林业局
	中国"十大人气氧吧" （全国 10 个，江西 3 个）	2019 年 7 月	中国气象服务协会
	中国天然氧吧 （当年全国 19 个，江西 4 个）	2017 年 9 月	中国气象协会
	2019 中国最美县域 （江西 11 个）	2019 年 5 月	第十五届中国（深圳）文博会
	2018 中国最美县域 （江西 12 个）	2018 年 5 月	第十四届中国（深圳）文博会
	"国家全域旅游示范区"首批创建单位 （江西 11 个）	2016 年 2 月	国家旅游局
	全国弘孝示范城市	2018 年 1 月	中国老龄事业发展基金会 弘孝基金管委员会
	长水村委员会入选"全国集体林权制度 改革先进集体"（江西 5 个）	2017 年 7 月	人力资源社会保障部、 国家林业局
	宋溪镇王埠村获"第七批全国民主法制示范村" （江西 24 个）	2018 年 7 月	国家司法部、国家民政部
	外湖村、长水村等入选"全国首批绿色村庄"	2017 年 7 月	国家住建部

级别	荣誉名称	授牌时间	授牌单位
省级	"全省最干净县"第一名 （全省第1）	2019 年 6 月	江西省城乡环境综合整治办
	全省生态产品价值实现机制试点县 （全省首批 8 个）	2019 年 5 月	江西省发改委
	江西省全域旅游示范区 （全省 8 个）	2018 年 10 月	江西省旅发委
	江西省第二批绿色低碳试点县（市、区）	2018 年 7 月	江西省发改委
	全省旅游产业发展先进县 （连续 3 年）	2019 年 6 月	江西省文化和旅游厅
	全省生态文明建设十大领跑县 （全省 10 个）	2017 年 8 月	中国江西网、江西手机报、 大江网
	江西省级生态旅游示范区	2016 年 11 月	江西省旅发委、江西省环保厅
	武宁工业园区荣获省绿色园区 （全省 6 个）	2018 年 11 月	江西省工信厅
	长水村荣获"全省首批省级森林养生基地" （首批 5 个）	2017 年 7 月	江西省旅发委、江西省林业厅
	澧溪镇北湾半岛荣获"省级森林养生基地" （全省 11 个）	2018 年 12 月	江西省林业局、 江西省文化和旅游厅
	杨洲乡阳光照耀 29 度假区荣获"省级森林体验基地"（全省 16 个）	2018 年 12 月	江西省林业局、 江西省文化和旅游厅
	王埠村被认定为 "江西省 AAA 级乡村旅游点"	2019 年 1 月	江西省文化和旅游厅
	甫田乡外湖村老虎帐自然村被评为 "江西省五十佳最具乡愁村庄"	2018 年 4 月	江西省委农工部、江西省委 宣传部、江西省旅发委
	巾口乡幸福里被认定为 "江西省 4A 级乡村旅游点"	2018 年 10 月	江西省旅发委
	阳光照耀 29 度假区被认定为 "江西省生态旅游示范区"	2018 年 12 月	江西省文化和旅游厅、 江西省生态环境厅
	罗坪镇入选"全省首批 44 个特色小镇"	2017 年 8 月	江西省住建厅

后　记

建设生态文明，关系人民福祉、关乎民族未来。党的十八大把生态文明建设纳入中国特色社会主义事业"五位一体"总体布局，明确提出大力推进生态文明建设，努力建设美丽中国，实现中华民族永续发展。这标志着我们对中国特色社会主义规律认识的进一步深化，充分表明了党中央加强生态文明建设的坚定意志和坚强决心。

绿色是生命的象征、大自然的底色，更是美好生活的基础、人民群众的期盼。武宁作为江西唯一的县，成功入选全国生态保护与建设典型示范区，深入践行绿水青山就是金山银山理念，坚持把绿色作为发展的底色描得更浓，持续放大得天独厚的生态优势，"五大生态"建设给武宁人民带来了更多的获得感和幸福感。县城即景区，成就了如诗如画的最美小城；乡村有乡愁，皓月当空、繁星闪烁，鸡犬相闻、落英缤纷，小桥流水、稻菽涌浪……这些美好的意境自然会让你有"慢下来"的节奏，甚有吟诗作赋的冲动。"生态是武宁最大的品牌、最大的财富和最大的优势"日益凸显。特别是自2016年换届以来，武宁坚持"三观"（生态民生观、生态价值观和生态政绩观）一致，把解决突出生态环境问题作为民生优先领域，顺应群众期盼确定了一些小目标，急事快办、难事特办，干一件成一件，集小成为大成，流光溢彩的城市夜景美不胜收，鸟语花香的田园风光随处可见，街头巷尾的谈笑风生喜上眉梢……这一切的喜人局面，源于武宁当政者始终把"良好的生态是最普惠的民生福祉"作为执政追求。

展望未来，武宁将在生态文化体系、生态经济体系、生态安全体系、生态文明制度体系和目标责任体系等重点领域持续发力，构建具有武宁特色、系统全面的生态文明体系，打造美丽中国"江西样板"的武宁代表作。建设生态文明，保护生态环境，是一项跨越时代的伟大工程，是一件需要长期坚持的系统工程，唯有持续发力，久久为功，才能不负时代使命、不负人民期盼。

全书编写由武宁县委书记杜少华主持，县政府委托江西师范大学江西经济发展研究中心承担具体编写工作。为了将武宁经验打造成江西省乃至全国的生态文明建设范本，编纂委员会多次召开会议就编写意义、核心主题、整体框架、内容形式、特色亮点、案例选择等问题进行深入研讨；精心打磨句段篇，让全书处处显新意；精选案例，生动还原一幕幕有图、有真相、有故事的武宁生态文明建设现场。

　　本书内容涉及生态、环境、经济、社会、文化、党建、民生等各个领域，共有70余个翔实的案例分布于19个乡镇、1个工业园和1个街道，覆盖了武宁县全域。在本书编写过程中，武宁县委、县政府大力支持，武宁县各地各部门极力配合，武宁县委政研室、武宁县生态办全程参与，付出了艰辛劳动，在此深表感谢。除特别注明外，本书图片均来源于武宁县相关部门，在此表示感谢，如有疑问，请联系武宁县绿色生态示范县创建指挥部办公室。特别感谢江西省发展和改革委员会、九江市发展和改革委员会对本书提出宝贵的修改意见。由于时间仓促，案例素材收集不全，还有一些特色、亮点没有体现出来。囿于学识水平，本书若存在不当之处，恳请读者批评指正。

编者

2019 年 7 月 23 日